Innovatives Brand Management

Günther Misof · Michael Schwarz

Innovatives Brand Management

Wie Sie Marken in digitalen Zeiten organisieren, führen und optimieren

Springer Gabler

Misof
t, Deutschland

Michael Schwarz
Frankfurt, Deutschland

ISBN 978-3-658-17324-1 ISBN 978-3-658-17325-8 (eBook)
DOI 10.1007/978-3-658-17325-8

Die Deutsche Nationalbibliothek verzeichnet diese Publikation in der Deutschen Nationalbibliografie; detaillierte bibliografische Daten sind im Internet über http://dnb.d-nb.de abrufbar.

Springer Gabler

Gedruckt auf säurefreiem und chlorfrei gebleichtem Papier

Springer Gabler ist Teil von Springer Nature
Die eingetragene Gesellschaft ist Springer Fachmedien Wiesbaden GmbH
Die Anschrift der Gesellschaft ist: Abraham-Lincoln-Str. 46, 65189 Wiesbaden, Germany

Vorwort

Es ist inzwischen Konsens: Der Erfolg eines Unternehmens hängt wesentlich von seiner Marke ab. Aber was genau macht eine Marke erfolgreich und stark? Bis vor ein paar Jahren wurden Qualität und Wirksamkeit einer Marke vor allem in Zusammenhang mit der Kreativität von Werbung und der Durchschlagskraft des Marketings gesehen: Also beispielsweise eine Kampagne mit witzigen TV Spots oder eine zielgruppengerechte Promotion-Aktivität zum Abverkauf von Sonderaktionsschnäppchen. Der Glaube war unerschütterlich, dass die in Zielgruppen geclusterten Verbraucher, die von Werbern und Marketingleuten professionell ins Visier genommen werden, der bewährten Markenkommunikation alten Typs schlichtweg nicht widerstehen könnten – sie müssen das ausgelobte Produkt einfach kaufen.

Diese Sicht der Marke ist inzwischen antiquiert. Denn Märkte, Medien wie auch die Werteorientierungen vieler Menschen haben sich von Grund auf verändert, und der soziokulturelle und technologische Kontext, in dem die Marke ihre Wirkung entfaltet, stellt sich hier und heute sehr viel anders als noch im Jahr 2000 dar. Seither ist das Internet zum Massenmedium geworden, und nicht nur in den Industrieländern tragen die Menschen ihr Smartphone ständig mit sich herum. Avancierte Marken kommunizieren heute sehr viel anders als noch vor zehn Jahren: Interaktiv. Individuell. Reziprok. Mobil. Und das alles auf Grundlage digitaler Technik. Die Digitalisierung hat die Markenkommunikation revolutioniert. Sie läuft heute über eine wachsende Zahl von Touchpoints, spricht ihre Adressaten zunehmend persönlich an, stellt sich auf ihre individuellen Wünsche in Sachen Service und Produktsupport ein, nimmt ihre Rückmeldungen entgegen, integriert sie in die Markenkommunikation und sorgt zugleich für eine durchgängige Brand Identity. Die Marke wird im digitalen Zeitalter das, was sie schon immer sein wollte, aber aus technischen Gründen in dieser Perfektion und Intensität noch nicht sein konnte: Ein individueller Partner, ein guter Freund, ein Mitglied der Familie.

Die Digitalisierung der Medien geht mit der Digitalisierung unseres Alltags einher. Und das zieht tief greifende Konsequenzen auf Strategie, Implementierung und Organisation von Marken und ihrer Kommunikation nach sich. Kreativität ist für eine effektive Markenkommunikation nach wie vor ein Erfolgsfaktor – allerdings ist diese Kreativität sehr viele stärker in strategische, konzeptionelle und technische Vorgaben eingebunden, als das früher der Fall war. Es geht längst nicht mehr um die Originalität von Werbekampagnen mit dem Ziel von Brand Awareness, sondern um die Qualität von Brand Experience auf der Grundlage einer durchgängig digitalisierten, integralen und an allen nur denkbaren Touchpoints präsenten Markenkommunikation.

Die digitale Transformation betrifft indessen nicht nur die Außenwirkung der Marke und ihrer Kommunikation. Auch die Arbeit mit und für die Marke hat sich von Grund auf verändert. Wir haben diesen Prozess in den zurückliegenden 30 Jahren aus praktischer Perspektive miterleben dürfen – und uns ist klar, dass er zum heutigen Zeitpunkt noch keineswegs abgeschlossen ist. Ein erster Anlass zu unserer Neubewertung von Marke und Markenführung war ein Beratungsmandat bei CDC Communications & Design Consultancy in 1993. Dabei wurde uns klar, dass die Umsetzung – sprich Implementierung – von Markenauftritten einen weitaus größeren organisatorischen und damit auch finanziellen Aufwand erfordert als die Entwicklung eines Corporate Designs oder des damit verbundenen Kommunikationskonzepts. Heute geht man davon aus – so die aktuelle Einschätzung der Implementierungs-Spezialisten der VIM Group – dass das Verhältnis

CD-Entwicklung : Implementierung in etwa 1 : 20 beträgt (VIM Group 2015). Für jeden Euro, der in eine konventionelle Markenentwicklung investiert wird, sind demnach ca. 20 EUR für die Implementierung zu kalkulieren. Nahezu zeitgleich (1992) wurde von unseren holländischen Kollegen Eric Nijkamp und Bert Nijboer mit Visual Identity Management eine neue Disziplin angeboten, die es so vorher nicht gab: Brand Implementation als neue Kategorie zur Organisation und Umsetzung von Markenprozessen war damit geboren (Nykamp-Nyboer 2016). Ein weiteres Aha-Erlebnis zu den Anforderungen einer zeitgemäßen Markenführung löste bei uns das Ergebnis einer Befragung aus, die wir 2001 mit Unterstützung der International School of Management (ISM) – heute California International Business University (CIBU), San Diego, durchgeführt hatten (Misof T. 2001). Hierzu wurden die Markenverantwortlichen von 80 global operierenden Konzernen zu den aktuellen Herausforderungen ihres Brand Managements interviewt. Das Ergebnis war für uns eine echte Überraschung: „Managing and Controlling Brand Identity" wurde von den meisten Marken-Verantwortlichen als das größte Problem in ihrem Tagesgeschäft bezeichnet. Hat sich das inzwischen geändert? Unserer Erfahrung nach stehen insbesondere internationale Markeninhaber bis auf den heutigen Tag vor dem Problem, die Konsistenz ihrer Brand Identity in den Griff zu bekommen.

Der Schwerpunkt unserer Beschäftigung mit Brand Management und Brand Implementation lag zunächst auf der operativen Ebene – also auf der Verbindung von Brand Identity mit den 4Ps (Product, Price, Place, Promotion) des Marketings und den Möglichkeiten einer Erfolgsmessung. Doch zunehmend waren wir auch mit der strategischen Dimension des Brand Managements, mit Brand Orientation und Brand Governance befasst. Aktuell liegt unser Fokus auf organisatorischen Aspekten des Brand Managements und der Wertschöpfung in Unternehmen (Brand Value Chain), wobei strategische und operative Komponenten zusammenfließen. In gewisser Hinsicht zeichnet unser subjektive Lernprozess die objektive Entwicklung der gesamten Markenbranche nach: Nicht nur Marken-Guru David Aaker vertritt die Auffassung, dass sich Brand Management heute vor allem mit Markenführung im Bereich von Brand Strategy zu befassen hat (Aaker D. 2014).

Wir sind in diesem Punkt mit Aaker einer Meinung – auch wenn wir bei anderen Themen wie z. B. der von ihm vorgenommenen begrifflichen Substitution von Brand Identity (Aaker D. A. 1995, S. 150) durch „Brand Vision" seine Sicht nicht teilen. Für uns ist und bleibt die Brand Identity die zentrale Kategorie jeder Markenstrategie. Wir haben dieses Buch auch deshalb geschrieben, weil wir die Relevanz der Brand Identity (neben Brand Orientation und Brand Management) für die heutige Markenführung bewusst herausstreichen möchten.

Wie also stellt sich die aktuelle Situation der Marke, ihrer Kommunikation und ihres Managements dar? Schaut man sich die gegenwärtigen Diskussionen an, herrscht gerade auch bei grundsätzlichen Fragen ein ziemliches Chaos und Verwirrung. Das betrifft nicht nur Strategien und Methoden, sondern bereits die Definition wesentlicher Begriffe. So wie die Unterscheidung von Corporate Identity und Corporate Design über viele Jahre hinweg in den Köpfen vieler Protagonisten unklar war und heute manchmal immer noch ist, verhält es sich aktuell auch mit Begriffen wie Brand Experience, Content oder Touchpoint. Was genau ist damit eigentlich gemeint? Und wie sehen die damit verbundenen Konsequenzen aus? In diesem Buch befassen wir uns daher auch mit grundsätzlichen Fragen und Aufgaben, die manchem Leser vielleicht banal erscheinen mögen, und versuchen aufzuzeigen, was Marke heute ist und warum es sich für Unternehmen lohnt, ihre Marke(n) in den Mittelpunkt ihres strategischen Denkens und Handelns zu stellen. Weiterhin beschreiben wir, was das Brand Management heute alles kann (bzw. können sollte) und welche Konsequenzen daraus für die Markenstrategie erwachsen. Schließlich wollen wir auch – ohne dass theoretische Überlegungen dabei zu kurz kommt – zu einigen speziellen Anforderungen pragmatische Empfehlungen abgeben.

Jenseits von solchen Detailfragen sollte man aber immer das große Ganze im Auge behalten: Die Marke erfindet sich gegenwärtig neu – wenn man so will: Wieder einmal. Alle, die mit und für Marken arbeiten, betreten gegenwärtig offensichtlich Neuland – mit allen Chancen und Risiken, die für eine solche Situation kennzeichnend sind. Deshalb sprechen wir von „Brand Innovation" und vertreten die These, dass sich die Markenführung im Zeitalter von Digital Branding von Grund auf neu aufstellen und ausrichten muss, weil die Marke nur so einen essenziellen Beitrag zum

Erfolg des Unternehmens leisten kann. Es ist offensichtlich: Die Marke heute ist mehr als ein Logo, ein ansprechendes Corporate Design oder ein Kommunikationsvehikel des Marketings.

> Die Marke ist mittlerweile zu einer ökonomischen und kulturellen Institution herangewachsen, die in den letzten Jahrzehnten zusehends an ökonomischer wie auch gesellschaftlicher Bedeutung gewonnen hat und sich dabei immer wieder an die veränderten sozialen, kulturellen und technologischen Verhältnisse anpassen konnte. Die Marke und ihre Metamorphosen erinnern an einen ebenso vitalen wie anpassungsfähigen Organismus. Gegenwärtig durchläuft dieses vitale Wesen eine weitere Phase seiner Evolution: Wir leben in der Ära des Digital Branding – mit allen damit verbundenen Konsequenzen für die Marke und ihre Kommunikation, aber auch das Brand Management.

Der Begriff des Brand Management ist alles andere als neu und seit Jahrzehnten gebräuchlich. Von der Sache her gesehen hat das Brand Management allerdings einen anderen Stellenwert als früher: Es geht um die strategische Markenführung sowie eine Fülle von operativen Aufgaben, durch die unter den heutigen Bedingungen eine erfolgreiche Markenkommunikation erst möglich wird. Eine erste Konsequenz daraus lautet: Brand Management muss in der Organisation des betreffenden Unternehmens verankert werden. Und: Es schließt die in den meisten Unternehmen organisatorisch strikt getrennten Bereiche – oder besser: Silos – Branding, Werbung bzw. Kommunikation sowie Marketing mit ein und geht hier und heute weit über diese Disziplinen hinaus. Es ist uns bewusst, dass die meisten Unternehmen das (noch) nicht so sehen. Sie sind entsprechend der Konvention des 20. Jahrhunderts arbeitsteilig organisiert: Hier die Abteilung Branding, dort die Abteilung Werbung und schließlich der große Bereich Marketing, und über alldem schwebt abgehoben die Unternehmensstrategie. Doch das ist nicht die Zukunft. Wir sind sicher, dass in den kommenden Jahren die tief greifenden Veränderungen der Marke und der Paradigmenwechsel in der Markenführung eine von Grund auf veränderte Organisation und Performance des Brand Managements nach sich ziehen werden.

Das problematische Verhältnis von Branding, Werbung und Marketing ist in diesem Zusammenhang aber vermutlich nur eine kleine

Fußnote der zukünftigen Geschichte der Marke, ihrer Kommunikation und ihres Managements. Denn bereits heute zeichnen sich ganz neue Konstellationen und Perspektiven ab, die weit über die hier angedeutete organisatorische Vereinheitlichung dieser Marken-Disziplinen herausgehen werden. Der Innovationsprozess, den wir vor Augen haben, wird der neuen Bedeutung der Marke, ihrer Kommunikation und ihrer Strategie Rechnung tragen: Markenstrategie wird zur Kernkomponente der Unternehmensstrategie. Die Unternehmen werden in Zukunft nicht umhin kommen, die Marke und ihr Management als eine zentrale und essenzielle strategische Aufgabe zu begreifen und sich dementsprechend rund um die Marke neu zu organisieren. Brand Innovation bedeutet auch, dass der Erfolg der Marke zukünftig noch mehr als bereits heute über den Erfolg des gesamten Unternehmens entscheiden wird.

Frankfurt, Deutschland

Günther Misof
Michael Schwarz

Literatur

Aaker, D. 2014. *On branding: 20 principles that drive success.* New York: Morgan James Publishing.

Aaker, D. A. 1995. *Building strong brands.* New York: The Free Press.

Misof, T. 2001. *Brand management in practice. Research study.* New York: California International Business University in cooperation with CDC Communications & Design Consultancy, Inc.

NykampNyboer. 2016. *NykampNyboer.* Von NykampNyboer. http://www.nykampnyboer.com/nl/. Zugegriffen: 12. Dez. 2016.

VIM Group. 2015. VIM Group. http://www.vim-group.com/en/tools/impact-valuator/. Zugegriffen: 12. Dez. 2015.

Danke

In den vergangenen 40 Jahren sind uns viele außergewöhnliche Menschen begegnet, die uns mit ihren Aufgabenstellungen und ihrer Mitarbeit, aber auch durch Kooperationen, Partnerschaften und Freundschaften immer wieder herausgefordert und angespornt haben. Insbesondere haben uns die jungen, hoch engagierten Kolleginnen und Kollegen inspiriert, mit denen wir zusammenarbeiten durften. Ihre Suche nach innovativen Lösungen hat uns motiviert, unsere Arbeitsansätze flexibel zu halten und unsere Modelle und Methoden fortlaufend zu optimieren. Stellvertretend für alle, die wir hier aufzählen müssten, möchten wir uns bei Klara Brandstätter bedanken, die uns bei der Erstellung dieses Buches unterstützt hat.

Inhaltsverzeichnis

Über die Autoren

Günther Misof verfügt über 40 Jahre Erfahrung in Markenstrategie, -entwicklung, -implementierung und -evaluation. Neben seiner Expertise im Marketing und Marketing-Kommunikation (bei Dr. Marinus M. Stadler und Wolfgang Sarasin) hat er auch einen professionellen Background im Bereich Fotografie/Design. Nach Einschätzung von Horst Thomé, dem ehemaligen Managing Director und Creative Director von Ogilvy & Mather, ist er „ein bestens ausgebildeter Autodidakt". Der Fokus seiner Tätigkeit liegt seit 12 Jahren auf den organisatorischen Aspekten des Brand Managements.

Michael Schwarz studierte Sozialwissenschaften in Freiburg und Frankfurt, promovierte dabei bei Iring Fetscher und arbeitete nebenher in der Werbung. Gemeinsam mit Günther Misof leitete er über 15 Jahre ein Markenberatungsunternehmen. Danach wurde er als freier Brand Consultant tätig. Er war und ist er an der Entwicklung von Markenstrategien und Kommunikationskonzepten für zahlreiche Auftraggeber beteiligt – hierzu zählen große Dax-Konzerne, aber auch mittelständische Unternehmen sowie Organisationen in Deutschland und der Schweiz.

Günther Misof und Michael Schwarz verbindet seit über 20 Jahren nicht nur eine Freundschaft, sondern eine professionelle Zusammenarbeit, in der sie die Transformation des Markenmanagements in ihren unterschiedlichen Facetten wahrgenommen, begleitet und beeinflusst haben. An den Anforderungen der Praxis orientiert, waren sie immer wieder gezwungen, sich auch mit Fragen der Marken- und Kommunikationstheorie zu befassen. Die Vernetzung von praktischen Erfahrungen und theoretischen Ansätzen war für das Autorenduo das wesentliche Motiv, ein Buch zum Thema Brand Innovation und Brand Management zu verfassen.

Abbildungsverzeichnis

1

Brand Snapshot – Versuch Einer Aktuellen Begriffsklärung

Zusammenfassung Die nachfolgenden Seiten sind eine Art Momentaufnahme: So sehen wir aktuell die Marke und ihr Management in ihren diversen Facetten und aus unterschiedlichen Perspektiven. Es handelt sich hierbei also weniger um abgrenzende oder gar abschließende Definitionen von markenrelevanten Begriffen als vielmehr den Versuch, die Marke in ihrer aktuellen Bedeutung und Funktionen sichtbar zu machen und darzustellen. Wir verfolgen damit zwei Ziele: Zum einen wollen wir von Anfang an klar stellen, wie wir bestimmte Prozesse, Funktionen und Zusammenhänge in der Welt der Marke sehen und beurteilen. Des Weiteren geht es uns darum, das aktuelle Entwicklungsstadium der Marke zu beleuchten: Da die Marke sich ständig verändert und immer wieder neue Metamorphosen durchläuft, muss das, was vor ein paar Jahren richtig und wichtig war, heute keineswegs mehr relevant sein.

Im Moment tritt dieser Transformationsprozess besonders deutlich ans Licht: Durch die technologische Entwicklung – an erster Stelle den weltweiten Siegeszug der Digitalisierung – erfährt die Marke, ihre Kommunikation und ihr Management einmal mehr einen Paradigmenwechsel, der an Unternehmen oder auch Organisationen wie z. B. Verbände oder

G. Misof und M. Schwarz, *Innovatives Brand Management*,
DOI 10.1007/978-3-658-17325-8_1

NGOs, die via Marke kommunizieren, eine Vielzahl neuer Anforderungen stellt. Aus praktischer Sicht geht es darum, welche Konsequenzen sich aus dieser Digital Transformation für die Funktionsweise der Markenkommunikation und für das Brand Management ergeben. Damit nicht genug: Gesellschaftlich gesehen, ist die Marke – so unsere These – zu einer soziokulturellen Institution herangewachsen, über welche die Wahrnehmung der Realität durch die Menschen in so gut wie jeder Hinsicht präformiert wird. Einfach gesagt: Alles, was nicht wie eine Marke kommuniziert, blenden die Menschen heute aus, nehmen es nicht wahr, ignorieren es. Deshalb unser Postulat: Die Marke ist konstitutiv für das Wahrnehmungs- und damit auch für das Urteilsvermögen der Menschen im 21. Jahrhundert.

Die vorliegende Momentaufnahme – mehr ist es nicht und kann es auch nicht sein – hat jedoch vor allem praktischen Charakter. Dabei geht es um Themen wie Unternehmensstrategie, Brand Orientation, strategisches und operatives Brand Management und die Modernisierung der Markenkommunikation im Zeitalter der digitalisierten Wirtschaft und Gesellschaft. Ein gravierendes Problem in diesem Zusammenhang hat damit zu tun, dass die dazugehörige theoretische Grundlage, wie sie von den klassischen Markenmodellen formuliert und dargestellt wird, sich mehr und mehr als unzureichend erweist. Die Situation der Markentheorie erinnert irgendwie an die der Volkswirtschaft: Wir haben es mit einem hochkomplexen, interdependenten und volatilen sozioökonomischen und soziokulturellen Phänomen zu tun, das durch Modelle oder Algorithmen erklärt werden soll, die ihrerseits den Gegenstand jedoch nur partiell, unzulänglich oder überhaupt nicht erfassen.

So gesehen, gibt es in Sachen Marke also nicht nur offensichtlich praktischen, sondern auch jede Menge theoretischen Handlungs- und Nachholbedarf. Wer wann, wie und wo die hiermit verbundenen Herausforderungen lösen wird, steht in den Sternen. Unabhängig davon macht es aber Sinn, die Bedeutung und den Stellenwert der Marke auch über einen betriebswirtschaftlichen und kommunikationstheoretischen Ansatz hinaus zu erörtern und zur Diskussion zu stellen. Eben das wird hier versucht.

1.1 Brand Strategy – Verhältnis Unternehmen und Marke

Unternehmensstrategie und Markenstrategie sind heute auf das Engste miteinander verzahnt – oder sollten es zumindest sein. Wobei im Gegensatz zu früher die jeweilige Einflussnahme der einen strategischen Sphäre auf die andere nicht mehr eindeutig auszumachen ist. Traditionell liegt die Priorität auf der Unternehmensstrategie. In einer Zeit jedoch, in welcher der Unternehmenswert immer stärker vom Wert der Marke (qualitativer Brand Value sowie quantitativer, also geldwerter Brand Equity) befeuert wird, verlagert sich das Gewicht der strategischen Einflussfaktoren: Die Marke ist zu einem – vielleicht sogar: zu dem – entscheidenden Wachstumstreiber des Unternehmens geworden. Richtung und Tendenz der Vorgaben und Einflussnahmen verlaufen also nicht mehr wie bei einer Einbahnstraße vom Unternehmen hin zur Marke, sondern auch in der umgekehrten Richtung von der Marke hin zum Unternehmen. Idee und Konzept der *Brand Orientation* nehmen diese Tendenz auf und versuchen, hieraus für das Unternehmen und seine Organisation die geeigneten Konsequenzen abzuleiten.

Die Rolle der Marke hat sich vor diesem Hintergrund in den letzten Jahren entscheidend verändert: Sie figuriert nicht mehr (nur) als kommunikativer Repräsentant des betreffenden Unternehmens (bzw. eines Produkts oder einer Leistung), stattdessen ist sie vielmehr zu einem proaktiven Kommunikationsagenten und parallel dazu zu einer veritablen Wertschöpfungsquelle (Abschn. 3.5.2) herangewachsen. Dieses neue Markenverständnis reflektiert die veränderte Gewichtung von Unternehmen und Marke in der internen Organisation, im Markt, in den Medien sowie in den Köpfen der Kunden und weiterer Stakeholder. Die Marke gewinnt in jeder Hinsicht – ökonomisch, kommunikativ, psychologisch und organisatorisch – an Einfluss und Bedeutung im Hinblick auf den Unternehmenserfolg. Ein offensichtliches Indiz für diese Prämisse ist der wachsende Anteil des Markenwerts am monetären Unternehmenswert.

1.2 Brand Orientation – Markenfokussierte Organisationsstrukturen

Die ersten Diskussionen zum Thema Brand Orientation gehen bis auf die 1990er Jahre zurück. Brand Orientation ist die Konsequenz aus der Erkenntnis, dass die Marke über Brand Value bzw. Brand Equity in wachsendem Maß zur Steigerung des Unternehmenswertes beiträgt. Die klassische Definition von Mats Urde beschreibt Brand Orientation „as an approach in which the procesesses of an organization revolve around the creation, development and protection of brand identity in an ongoing interaction with target customers with the aim of achieving lasting competitive advantages in the form of brands (1999, S. 117).“ In der Zwischenzeit hat er diese Definition noch etwas weiter gefasst: „Brand orientation is a strategic platform whereby a company deliberately and actively strives to manage the processes that give its brand value and meaning.“

In vieler Hinsicht sind das strategische und ökonomische Zielvorgaben, die über die Markenführung und das Brand Management hinaus die gesamte Organisation des Unternehmens betreffen. Unterm Strich ist es der Endzweck einer Marke und ihrer Kommunikation, die Leistungen (inklusive der Produkte) eines Unternehmens möglichst vorteilhaft zu verkaufen. Diese Zielsetzung hat logische Konsequenzen für die Marke, ihre Identität, ihren Auftritt, ihr Marketing und ihre Kommunikation. In diesem Kontext stellt sich die Frage, inwieweit die Organisation des jeweiligen Markeninhabers auf die wachsende Bedeutung und die besonderen Leistungen der Marke zugeschnitten ist. Markenführung – die sowohl die Brand Strategy als auch das Brand Management betrifft – ist eine strategische Aufgabe der Unternehmensleitung, die sich mit Blick auf das Brand Management auf Zielvorgaben, geeignete Organisationsstrukturen und effektive Kontrollmöglichkeiten verständigen muss. Dabei muss an erster Stelle die Wertschöpfungskette der Marke – die Brand Value Chain – berücksichtigt werden. Es geht also um eine schlüssige Antwort auf die Frage: Welche Organisationsstrukturen, Markenprozesse und Prozesskomponenten tragen wie und in welchem Ausmaß zur Steigerung des

Markenwertes bei? Das Brand Management hat die Aufgabe, mithilfe der Marke Lösungen zu ermöglichen, dank der sich kommunikative und damit im Endeffekt auch kommerzielle Wettbewerbsvorteile realisieren und auf Dauer sichern lassen.

1.3 Brand Architecture – Dachmarke und Brand Family

Der Begriff Markenarchitektur erweckt die Vorstellung eines fest gefügten Gebäudes. In Wahrheit handelt es sich heute eher um eine flexible und gewissermaßen fließende Konstruktion, die fortlaufend im Umbau begriffen ist. Zum einen entwickelt und verändert sich eine Marke bzw. Corporate Brand sehr viel schneller als jemals zuvor, weil sie nur durch permanente Anpassungsfähigkeit angesichts eines hochvolatilen ökonomischen, technologischen und soziokulturellen Umfelds ihre Brand Identity sichern und somit auf einer stabilen Grundlage kommunizieren kann. Aus unserer Sicht ist eine *konsistente* Brand Identity nach wie vor der Schlüssel für jede erfolgreiche Markenkommunikation, was – auch wenn das im ersten Moment paradox klingen mag – unter den heutigen Bedingungen ein hohes Maß an Flexibilität und Veränderungsbereitschaft erfordert. Denn heute verändern sich Märkte, Technologien und Trends mit rasanter Geschwindigkeit, sodass die Neueinführung oder auch die Einstellung von Sub- oder Monomarken sehr schnell erfolgen kann. Die egalitäre Brand Family setzt sich vor diesem Hintergrund gegenüber der alten Grundstruktur Dachmarke – Submarken immer stärker durch. Wo liegt der Unterschied? Die Strukturen in der neueren Version sind nicht mehr so starr und verbindlich. Was vor allem zählt, ist die spontan nachvollziehbare und deutlich erkennbare Selbstähnlichkeit innerhalb der Markenfamilie. Wenn man so will, ist Brand Family die markenstrategische Antwort auf das soziokulturelle Phänomen der Patchworkfamilie.

Unabhängig davon ist ein genereller Trend zur singulären Verwendung von Corporate Brands zu beobachten. Dafür gibt es sowohl ökonomische als auch kommunikative Gründe. Wirksame Markenkommunikation wird tendenziell aufwendiger und dem entsprechend teurer – da macht es Sinn, die finanziellen Ressourcen eines Unternehmens oder einer Organisation auf eine einzige Marke zu konzentrieren. Zudem ist die Aufnahmefähigkeit der einzelnen Menschen begrenzt, während das Angebot an Reizen, Signalen, Informationen, Botschaften etc. ständig weiter wächst. Wie auch immer: Damit eine Marke heute überhaupt wahrgenommen wird und im Kopf ihres Adressaten ankommt, muss sie mit einem erheblichen konzeptionellen (und finanziellen!) Aufwand entwickelt, gemanagt, stabilisiert und kommuniziert werden.

1.4 Brand Development

Marken und ihre Kommunikationsleistungen sind – so eine unserer Kernthesen – konstitutiv für die Wahrnehmung und Beurteilung der Realität durch die Menschen im 21. Jahrhundert. Ob etwas überhaupt registriert wird oder nicht, ob eine Botschaft tatsächlich im Kopf ankommt, ob ein kommunikatives Angebot als attraktiv oder lästig empfunden wird: Das alles richtet sich an den Mustern und Funktionen einer professionell konzipierten und umgesetzten Markenkommunikation aus. Um sich in der heutigen Welt bemerkbar machen zu können, müssen die dazugehörigen Wahrnehmungs- und Kommunikationsprozesse medial so inszeniert und emotional so unterfüttert werden, dass sie von der jeweiligen Zielperson als ansprechend, bestätigend, komfortabel und überraschend erlebt werden. Das ist weitaus mehr als die bloße Brand Awareness, auf die in grauer Vorzeit die klassische Werbung abzielte. Es geht vielmehr um die Eingängigkeit einer markenadäquaten Aufmerksamkeitserzielung sowie die emotionale Identifikation und Befriedigung, die für den Adressaten mit der Markenkommunikation verbunden sind.

Diese aufwendige und vielschichtige Grundkonfiguration einer wirksamen Markenkommunikation ist der Grund dafür, dass die Entwicklung einer Marke und die Umsetzung ihrer Kommunikation auf einen vergleichsweise komplexen und anspruchsvollen Prozess hinauslaufen. Es geht ja nicht nur darum, den Absender (Unternehmen oder Organisation) abzubilden und über seine Leistungen zu informieren. Sondern vor allem auch darum, die jeweiligen Adressaten (Kunden, Stakeholder, Mitglieder) erfolgreich anzusprechen, abzuholen, für die Marke einzunehmen und letztlich zum Kauf (resp. Teilnahme, Mitgliedschaft, Wahlentscheidung etc. pp.) des wie auch immer gearteten Angebots zu motivieren. In einer Zeit, in der sich die Produkte und Leistungen von Unternehmen oder Organisationen immer ähnlicher werden, der Markt zunehmend unübersichtlicher wird und sich unsere individuelle Aufmerksamkeit – zumindest in der westlichen Hemisphäre – im Zustand von anhaltender Übersättigung bzw. existenzieller Grunderschöpfung befindet, ist eine erfolgreiche und nachhaltige Kontaktaufnahme mit dem Adressaten der Markenkommunikation der vielleicht wichtigste Erfolgsfaktor für die Marke und den hinter ihr stehende Absender: Ohne Marke kein erfolgreicher Verkauf, kein Gewinn von Wahlen, kein gutes Image.

Wir sprechen mit Blick auf die Konzipierung von Marken, ihrer Kommunikation und ihrem Management von Markenentwicklung bzw. Brand Development und nicht mehr von Markenaufbau resp. Brand Building. Unsere Einschätzung ist hier ähnlich wie im Fall der Markenarchitektur, wo wir den Begriff der Brand Family bevorzugen: Brand Building assoziiert ein Markensystem, das wie ein Haus aufgebaut ist: Verschiedene Stockwerke, unterschiedliche Räume, tragende Elemente, ein Dach. Für uns ist eine solche Analogie nicht mehr zeitgemäß. Brand Development heißt nicht (mehr), ein Haus zu planen und zu errichten, sondern auf Grundlage einer anpassungsfähigen und somit nachhaltig konzipierbaren Brand Identity adäquate Markenerlebnisse zu inszenieren, die auf den Adressaten exakt – bestenfalls: individuell – zugeschnitten sind. Wenn man so will: Aus dem Architekten ist ein Regisseur geworden.

1.4.1 Brand Components – Unternehmens-DNA

Unter Markenbausteinen bzw. Brand Components versteht man die inneren Erfolgsfaktoren eines Unternehmens oder einer Organisation, die sie zu ihren spezifischen Leistungen befähigen. Das Konzept der

Markenbausteine wurde von Alexander Deichsel entwickelt und kann als methodischer Ausgangspunkt bei der Entwicklung einer Marke und der hiermit verbundenen Markenstrategie gesehen werden (2004). Die Brand Components befassen sich mit der Frage: Was genau hat dieses Unternehmen in der Vergangenheit bis auf den heutigen Tag erfolgreich gemacht? Die Erfahrung zeigt, dass viele Unternehmen oder Organisationen ihre Markenbausteine überhaupt nicht kennen. Sie liegen vielmehr in der Geschichte und vor allem auch im Unbewussten ihrer langjährigen Führungskräfte und Mitarbeitenden verborgen. Um diese „verborgenen Schätze" zu heben, werden in der ersten Phase des Markenentwicklungsprozesses die Geschichte des Unternehmens resp. der Organisation genauer untersucht und Interviews auf allen Hierarchieebenen durchgeführt. Das Ergebnis sind in der Regel 6 bis 12 Markenbausteine, die entweder in Form einer kurzen Beschreibung oder eines Ursache – Wirkungsschemas dargestellt werden können.

Die Markenbausteine stehen für die Innensicht einer Marke. Sie stellen, wenn man so will, ihre DNA dar, aus der heraus sich eine weitere schlüssige Entwicklung der Marke ableiten lässt. Dieser Aspekt der Innensicht ist besonders bemerkenswert: Denn lange Zeit herrschte die Überzeugung vor, dass für die Marke nur die Außensicht (Kundenbedürfnisse und Wettbewerbssituation) maßgeblich sei. Ein solcher *Market-Based-View* blendet jedoch die unternehmensinternen Erfolgsfaktoren schlichtweg aus: Das Unternehmen selbst und seine spezifische Geschichte werden aus dieser Perspektive unter dem Aspekt der Markenstrategie als Blackbox betrachtet. In den letzten Jahren wurde aber – wohl nicht zuletzt aufgrund der wirtschaftlichen Erfolge von IT-Brands wie Apple und Google – deutlich, dass bei strategischen Markenentscheidungen unternehmensinterne Faktoren von erstrangiger Bedeutung sind. Es gilt die Faustregel: Je innovativer ein Unternehmen oder ein Leistungsangebot ist, desto weniger ermöglichen der Markt oder der Wettbewerb einen Vergleich oder gar eine Referenz. Für den Erfolg und die Wirksamkeit der Marke und ihrer Kommunikation spielen also gerade bei einem innovativen Absender die internen Einflussfaktoren, die sich in seinen Markenbausteinen reflektieren, eine entscheidende Rolle.

1.4.2 Brand Profile – Kategorien zur Markenentwicklung

Das klassische Markenprofil setzt sich aus den Kategorien Historie, Kompetenzen, Zielgruppen, Mission, Vision und Werte zusammen. Die dazugehörigen Aussagen werden in Anschluss daran kondensiert und ergeben sodann die (strategisch-kommunikative) Positionierung der Marke.

Aktuelle Markenprofile beschränken sich in der Regel auf Mission, Vision und Werte, aus denen die Positionierung abgeleitet wird. Denn die Kategorie Historie – Unternehmensgeschichte – wird durch die Identifizierung und Definition der Markenbausteine abgedeckt. Und die Kompetenzen gleichen sich aufgrund der technischen Entwicklung immer stärker an. Diese Kategorie macht folglich vor allem in Bezug auf die aktuellen Leistungsangebote Sinn und betrifft weniger die strategische Markenführung als die Produkte und Dienstleistungen und deren operatives Marketing sowie die hierauf fußende Kommunikation. Die Zielgruppen der Marke schließlich lösen sich momentan zusehends auf und unterliegen einem fortlaufenden Individualisierungsprozess: Das Brand Management wird in naher Zukunft über alle nötigen Daten sowie die Technik (Big Data resp. Brand Intelligence in welcher Form auch immer) verfügen, um mit den Kunden der Marke oder deren sonstigen Anspruchsgruppen individuell zu kommunizieren.

Was bleibt also übrig? Die aktuell gebräuchlichen Kategorien eines Brand Profiles sind 1) Mission, 2) Vision, 3) Werte und 4) Positionierung. Die hier getroffenen Aussagen und Botschaften betreffen sowohl die Marke als auch das Unternehmen, das in der Marke seinen authentischen und glaubwürdigen Kommunikator hat.

1. Mission beschreibt die Ist-Situation des Unternehmens und seiner Marke im Hinblick auf deren raison d'être auf grundsätzlicher Ebene: Dazu sind wir da, das machen wir und bieten wir an, dafür sind wir gut.

2. Das Vision-Statement formuliert die strategischen Zielvorgaben der Marke: Da und da wollen wir hin, das wollen wir erreichen bzw. das haben wir in Zukunft – etwa in fünf Jahren – erreicht.
3. Die Werte sind mehr als ein ethisches Statement. Sie stellen eine gemeinsame Vertrauensbasis zwischen Unternehmen/Organisation, Marke und ihren Stakeholdern her: Diese Maxime und Grundsätze sind uns wichtig, ihnen sind wir verpflichtet, an ihnen orientiert sich unser Denken und Handeln.
4. Die Positionierung – als kommunikative Verortung der Marke – ist die Essenz aus Mission, Vision und Werten und beschreibt gewissermaßen den Markenkern: Eine vergleichsweise stabile Grundkonfiguration, die ungeachtet der aktuellen Volatilitäten der Märkte sowie neuer Trends und innovativer Technik durch die Markenverantwortlichen nur insofern angefasst werden sollte, als Veränderungen im ökonomischen, technologischen und soziokulturellen Umfeld eine Nachjustierung oder Neudefinition der Brand Identity unausweichlich machen.

1.4.3 Brand Identity – Psychologie und Persönlichkeit

Die Brand Identity ist – so unsere Einschätzung und Überzeugung – nach wie vor das zentrale Funktionsschema der Marke. In den meisten aktuellen Markenmodellen wird die Marke über Identität definiert:

> Marke wird definiert als die Gesamtheit einer mit einem Namen oder einem ähnlich prägnanten Brandingelement (Zeichen, Logo, Wortmarke) versehenen Identität und den dadurch ausgelösten Vorstellungsbildern (Images) in den Köpfen der Anspruchsgruppen, die eine Differenzierung gegenüber den Vorstellungsbildern von anderen in Konkurrenz stehenden Objekten bewirken und das Verhalten der Anspruchsgruppen, insbesondere ihr Wahl- und Kaufverhalten, beeinflussen (Radtke 2013).

Die Identität der Marke ist die Grundvoraussetzung für ihre kommunikative Wirksamkeit, Einfachheit und Eindeutigkeit und damit für ihren Erfolg. Ihr Identitätsmodell entspricht nicht dem der klassischen Logik (vollständige formale Übereinstimmung) oder der idealistischen

Philosophie (Aufhebung von Unterschieden durch Selbstreflexion), sondern der Individualpsychologie. Deren Modell wird – in Anlehnung an das klassische Modell des Psychologen Erik Erikson – von vier konstitutiven Elementen getragen:

1. Wechselseitigkeit (Wechselwirkung der Marke mit der Außenwelt, auch zum Zweck der Abgrenzung)
2. Individualität (Einmaligkeit der Marke aus Sicht des Rezipienten)
3. Kontinuität (Beibehaltung und Pflege essenzieller Markenattribute und Markenwerte)
4. Konsistenz (einheitlicher und widerspruchsfreier Markenauftritt als Grundvoraussetzung einer prägnanten und glaubwürdigen Markenkommunikation).

Fazit: Die Marke ist als proaktiver Kommunikator deshalb so außergewöhnlich erfolgreich, weil sie wie eine besonders zugewandte, attraktive, zuverlässige und charismatische menschliche Persönlichkeit auftritt und kommuniziert. Die Identität der Marke und mit ihr die Wirksamkeit ihrer Kommunikation werden in ihrem visuellen Grundschema durch ihr Corporate Design und in Bezug auf die Bereitstellung und gezielte Distribution des geeigneten Content hin zu den Touchpoints der Marke über das Brand Management in Form des Content Managements bzw. Content Supply Managements sichergestellt.

1.4.4 Brand Experience – Wahrnehmungsmuster und Erlebnisqualität

Die kommunikative Wirkung der Marke im Sinne von „Brand Perception" wird aktuell durch den Begriff der Brand Experience beschrieben. „Brand Experience" hat begriffsgeschichtlich zudem die Position der älteren Bezeichnung „Brand Image" übernommen und teilweise abgelöst. Während die Brand Identity der Schlüssel zu Markenführung und Markenkommunikation durch den Markeninhaber ist, ist die Brand Experience dasjenige, was im Kopf der Kunden oder sonstiger Stakeholder ankommt und sich dort – idealerweise – fest verankert. Sowohl das klassische Brand Image als auch die aktuellere Brand Experience sind emotional oder genauer: wahrnehmungspsychologisch konnotiert. Das „Image" kann als Hinweis darauf interpretiert werden, dass die Botschaft der Marke nicht in Form rational aufbereiteter oder reflektierter Informationen ankommt, sondern sich gewissermaßen vorbegrifflich auf der Ebene visueller Eindrücke bewegt. Unter „Experience" ist weitaus mehr als eine beliebige Erfahrung zu verstehen. Es geht hierbei um ein markenspezifisches Erlebnis, das mit Gefühlen wie Hoffnung, Parteinahme und Identifikation verbunden und emotional entsprechend aufgeladen ist. Wo liegt nun der Unterschied zwischen Brand Image und Brand Experience? Während das alte Brand Image eine Domäne von PR-Strategen und Corporate Design ist (wobei es vor allem um das Renommee des Auftraggebers/Markeninhabers geht), wurde Brand Experience von den Planern und Designern interaktiver Markenkommunikation generiert und ins Feld geführt (die, um Erfolg zu haben, auf ein stimmiges Nutzererlebnis/UX setzen). Wenn man so will, wird auch in diesem Unterschied der digitale Paradigmenwechsel in der Kommunikation sowie in der Führung und im Management der Marke sichtbar.

Wirkungsgeschichtlich scheint es so zu sein, dass im Modell der Markenkommunikation die „Experience" das „Image" einerseits integriert und andererseits um zusätzliche Dimensionen der Perzeption erweitert hat. Offensichtlich enthält der Begriff der Experience einen Hinweis darauf, wie Markenkommunikation heute funktioniert bzw. wie sie konstruiert werden muss, um möglichst wirksam zu sein: Ein emotional aufgeladener Eindruck ist Folge eines Events – also eines bewusst und mit Absicht auf bestimmte emotionale Wirkungen hin inszenierten Ereignisses. Wenn wir postulieren, dass das Markenerlebnis an den diversen Touchpoints der Marke Eventcharakter hat, haben wir diese grundlegend neue Kommunikations- und Wahrnehmungsqualität im Hinterkopf. Erfolgreiche Markenkommunikation auf Höhe der Zeit inszeniert ein emotional aufgeladenes Markenerlebnis, das darauf abzielt, die affektive Wirkung zu verstärken bzw. affektive Barrieren wie Bedenken, Zurückhaltung oder Hemmungen aus dem Stand heraus impulsiv zu überwinden.

1.4.5 Brand Design – Visuelle Identität und Wahrnehmung

Die herkömmliche Methode bzw. das klassische Instrument zur Umsetzung, Darstellung und Sicherung einer Brand Identity ist das Corporate Design (CD). Es bildet die konsistente Identität der Marke mit visuellen Mitteln ab. Diese konstitutive Leistung zur Erzielung der Markenidentität ist jedoch nicht voraussetzungslos. Damit ein markentypisches CD entwickelt werden kann und funktioniert, müssen dessen Grundlagen und Zielvorgaben über das Brand Profile definiert sein – wobei die Positionierung der Marke die zentrale Vorlage bietet.

Ein CD umfasst in der Regel fünf visuelle Elemente: Logo, Bildkonzept, Typografie, Farben und Layout. Das Gewicht dieser Elemente hat sich Laufe der letzten Jahre offensichtlich verändert: So ist die Bedeutung der Typografie zurückgegangen. Und sogar das Logo hat nicht mehr die Relevanz vergangener Zeiten: Das Bildkonzept (inklusive Videos) wird im Vergleich zum Logo immer wichtiger.

Im semiprofessionellen Sprachgebrauch werden Corporate Design und Corporate Identity (CI) oft gleichgesetzt. CI ist jedoch mehr als CD: Neben der Komponente Corporate Design umfasst es auch Corporate Behaviour und Corporate Communication. Die damit verbundene begriffliche Unschärfe und Verwirrung ist Ausdruck eines echten Problems der aktuellen Markenführung: Brand Identity wird häufig nur als visuelles Phänomen begriffen – also mit einem funktionierenden CD gleichgesetzt. In Wirklichkeit aber ist Brand Identity sehr viel mehr: Eine Persönlichkeit, eine Haltung, eine Werteorientierung, ein Identifikationsangebot.

Damit das CD wie gewünscht funktioniert, muss es in dem betreffenden Unternehmen bzw. der jeweiligen Organisation umfassend durchgesetzt werden. Das ist Aufgabe der klassischen Brand Implementation. Dieser Prozess der Marken-Implementierung via CD war bis vor wenigen Jahren ein einmaliger Vorgang. Inzwischen haben sich jedoch Märkte, Medien, Technik und Kunden sowie das gesamte soziokulturelle Umfeld so stark verändert und dynamisiert, dass neue Spielregeln gelten. Und das mit einschneidenden Konsequenzen: Das Instrument

CD ist heute – einerseits – wichtiger denn je. Denn Markenkommunikation ist auf der Ebene der ersten und spontaner Wahrnehmung (the famous first impression) nach wie vor – wenn nicht sogar: mehr denn je – Visual Branding.

Gleichzeitig jedoch reicht das klassische, das heißt statische, medienübergreifende und zielgruppenorientierte CD nicht mehr aus, um die Brand Identity sicherzustellen. Es muss einerseits in das Brand Management integriert werden, darüber hinaus aber durch weitere Ansätze und Maßnahmen ergänzt und funktional optimiert werden. Brand Implementation betrifft heute in erster Linie die Organisation eines am Content ausgerichteten Brand Managements, das die Implementierung der Marke von Grund auf radikal verändert, neu erfasst und in einen permanenten Prozess transformiert.

1.4.6 Brand Content – Inhalte und Formate

Die Kommunikation der Marke mithilfe der Inszenierung adäquater Markenerlebnisse (die den Adressaten der Marke sowohl als Gruppe als auch zunehmend als Individuum ansprechen und abholen) erfordert eine zeitgemäße Form der Organisation, die sich nicht nur mit den hierfür geeigneten Kommunikationskanälen und Medien befasst, sondern geeignete Inhalte der Markenkommunikation vorhält und differenziert und gezielt einsetzt. Als Instrumente hierzu sind derzeit Web Content Management Systeme bzw. Digital Asset Management Systeme gebräuchlich. „Content“ bedeutet im Zusammenhang mit Markenkommunikation keineswegs nur Texte, sondern alle verfügbaren und wirksamen Inhalte und Formate: Bilder, Videos, Töne, Düfte, was auch immer.

Ein schneller, wirksamer und vor allem gezielter und adressatenadäquater Einsatz von Content an den kommunikativen Touchpoints der Marke erfordert ein anspruchsvolles Management. Das betrifft sowohl die Content-Entwicklung als auch die Content-Distribution. Wichtig dabei ist, dass der Content in die Brand Identity einzahlt – er muss die Psychologie, die Positionierung und das Profil der Marke stützen und sichern. Das geschieht etwa dadurch, dass ein bestimmter Stil oder Geschmack ausgearbeitet, vorgegeben und kommuniziert wird.

Zielführend ist es auch, eine gemeinsame (ethische) Werte-Basis zu finden und zu verdeutlichen, für welche Werte die Marke steht – und das heißt immer: Werte, mit denen sich die Adressaten (Gruppen, Gemeinschaften, Individuen) identifizieren können: Qualitätsversprechen, Innovationsbereitschaft, Glaubwürdigkeit, Nachhaltigkeit u. a. Neben der Entwicklung und Bereitstellung von Brand Content ist seine gezielte und angemessene Verteilung von zentraler Bedeutung: Für den Touchpoint Kammermusiktage Mettlach werden andere markenspezifische Kommunikationsinhalte wie für den Touchpoint Helene Fischer-Konzert benötigt. Hinzu kommt die Frage, ob sich die Kommunikation zum Beispiel an ein breites Auditorium, eine eingeschworene Brand Community oder ein einzelnes Individuum richtet. Die praktische Lösung der damit verbundenen Aufgaben ist die Einrichtung eines Content Supply Managements sowie die Installation einer Content Supply Chain in Richtung eines spezifischen Touchpoints im Rahmen des Brand Managements.

In vieler Hinsicht steckt die Generierung und Distribution von Brand Content gegenwärtig noch in den Kinderschuhen. In Zukunft wird sie über die gezielte Einbindung von Kunden-Feedbacks, semantischer Netze und Bots zunehmend automatisiert werden – in der wirklichen wie der virtuellen Realität und natürlich auch der aus beiden Welten kombinierten Augmented Reality.

1.5 Brand Management – Markenführung und Organisation

Eine wachsende Zahl von Markeninhabern sieht Brand Management mittlerweile mit neuen Augen: Es handelt sich eben nicht um eine Aufgabe neben vielen anderen, sondern um einen zentralen Bereich, von dem Erfolg und Zukunft des Unternehmens abhängen. Eine Konsequenz aus dieser Einsicht ist die wachsende Bereitschaft, das Brand Management nicht Dritten (wie zum Beispiel Design- oder Werbeagenturen bzw. auf Markenberatung spezialisierten Dienstleistungsunternehmen) zu überlassen, sondern in eigener Regie zu übernehmen und zu organisieren. Die Steuerung, Kontrolle und Optimierung der

Marke werden einem zentralen, in der Organisation des Unternehmens angesiedelten Brand Management übertragen, das nach Vorgaben der Unternehmensleitung (Brand Strategy und Brand Governance) sowohl strategische als auch operative Aufgaben übernimmt. Die Gründe für diesen organisatorischen Kraftakt sind zwingend: Die Marke ist für den Erfolg und die weitere Perspektive des Unternehmens (Abschn. 3.1.2) von essenzieller Bedeutung und muss daher auf strategischer wie operativer Ebene systematisch (und nicht wie bisher so oft „aus dem Bauch heraus") geführt werden. Ein weiterer Aspekt zur Neubewertung und (Neu-)Organisation des Brand Managements ist der Siegeszug der digitalen Technik: Immer neue Kommunikationskanäle entstehen, die für die Markenkommunikation genutzt werden können – oder genauer gesagt: müssen – und ihre Wirksamkeit erhöhen. Zudem hat sich der Charakter der Markenkommunikation durch die interaktiven Medien grundsätzlich gewandelt, weil sie nunmehr reziprok erfolgen kann (der Empfänger wird selbst zum Sender), die breite Nutzung dieser Medien immer mobiler wird (Smartphone, Tablets) und die Marken zunehmend über geeignete Technik und Daten (Brand Intelligence) verfügen, dank derer sie mit ihren Kunden und sonstigen Stakeholdern nicht mehr in Form der althergebrachten Zielgruppenansprache, sondern individuell (z. B. via CRM oder Produktsupport) und dialogisch kommunizieren können. Dies alles läuft auf einen Paradigmenwechsel in der Markenkommunikation hinaus, der gesteigerte Komplexität mit sich bringt, die ohne IT-Unterstützung nicht zu bewältigen wäre.

Ein weiterer Grund für die Notwendigkeit eines zentral im Unternehmen aufgestellten Brand Managements ist der veränderte Charakter von Wirtschaft und Gesellschaft: Weltweit wächst das Wissen exponentiell, die ökonomische Globalisierung ist eine Tatsache, und die technischen Entwicklungen (insbesondere IT resp. ICT, aber beispielsweise auch in der Medizintechnik) verlaufen schneller als jemals zuvor. Zeitgleich treten massive politische (EU, islamische Hemisphäre) und ökonomische (Finanzmarktkrise, strukturelle Arbeitslosigkeit) Verwerfungen auf. Hinzu kommt, dass sich die Einstellungen der Menschen und die maßgeblichen Konsumtrends mit bislang nicht gekannter Geschwindigkeit verändern. Das Ergebnis dieser wirtschaftlichen und soziokulturellen Veränderungen ist ein permanenter Wandel. Die Marke muss sich auf dieses hochvolatile Umfeld fortlaufend neu einstellen, will sie ihre Identität nicht verlieren.

Grundsätzlich gesehen, ist es die Aufgabe des Brand Managements, der Marke zu einer erfolgreichen Kommunikation in Form einer nachhaltigen Brand Experience zu verhelfen, die den *Brand Value* (als Ergebnis all dessen, was in die Marke einzahlt) und mit ihm die *Brand Equity* (als monetären Ausdruck des Brand Value) und so letztlich den Unternehmenswert steigert.

Betrachtet man das Brand Management aus einer stark vereinfachten Perspektive, so werden hier nach den Vorgaben der 1) Brand Governance sowohl strategische Aufgaben – 2) strategisches Brand Management – als auch eine Fülle operativer Prozesse und Funktionen – 3) Operatives Brand Management – geplant und umgesetzt.

Erläuterungen

ad 1. Die Brand Governance legt allgemeine (strategische, operative, organisatorische, kommunikative und wirtschaftliche) Regeln und spezifische Vorgaben fest und kontrolliert deren Zielerreichung.

ad 2. Das strategische Brand Management hat im Abgleich mit der Unternehmensstrategie die Sicherung und Weiterentwicklung der Markenstrategie im Blick und legt den Fokus dabei auf die Brand Identity.

ad 3. Das operative BM befasst sich klassischerweise mit der Umsetzung der 4Ps (Price, Place, Product, Promotion im Sinne des klassischen Marketings) und neuerdings immer intensiver mit der Generierung und Distribution von markenadäquatem Content: Also Content (Supply) Management und den von hier ausgehenden Content Supply Chains, über die der auf unterschiedlichste Adressaten zugeschnittene Brand Content zu den Touchpoints transportiert wird. Der Aspekt der Content-Generierung und Content-Distribution ist relativ neu, wird immer wichtiger und rückt daher auch immer stärker in das Bewusstsein der Fachöffentlichkeit – was momentan dazu führt, dass dauernd neue Buzzwords für ein und dasselbe Phänomen erfunden, promoted und geposted werden.

Markenwert und Brand Value Chain

Da das Brand Management über die Stärkung und Optimierung der Marke und ihrer Kommunikation den Markenwert und mit ihm den Unternehmenswert erhöhen soll, macht es Sinn, dieses Ziel mit besonderer Aufmerksamkeit zu berücksichtigen. Das geschieht über die Betrachtung der *Brand Value Chain* Abschn. 3.5.2. Hierbei geht es um die Ausrichtung der Organisation des Brand Managements an der Wertschöpfung des Unternehmens mit dem strategischen Ziel der Steigerung des Unternehmenswerts. Es müssen also die Strukturen und Funktionen des Brand Managements herausgearbeitet werden, die eine Wertsteigerung mithilfe der Marke bewirken. Der Grundsatz „Brand Performance starts at the beginning" ist dabei untrennbar mit der Einsicht „Brand Performance concerns Brand Perception" verbunden: Man muss also möglichst früh ansetzen, dabei aber immer das angestrebte Ergebnis im Hinterkopf haben.

1.6 Brand Implementation – Visual Branding und Content Supply Management

Damit eine Marke wunschgemäß arbeiten und funktionieren – also: effektiv kommunizieren – kann, müssen die dafür nötigen organisatorischen und technischen Voraussetzungen geschaffen – mit einem Wort: implementiert – werden. Ziel der Implementierung ist es, dass die Marke effektiv und hierbei möglichst effizient auf Grundlage einer konsistenten Brand Identity kommunizieren kann.

Die Vorstellungen darüber, wie diese organisatorischen und technischen Voraussetzungen am besten aussehen sollten, haben sich im Lauf der letzten Jahre qualitativ verändert. Während die Pioniere der Brand Implementation Anfang der 1990er Jahre ihr Leistungsportfolio noch als Rollout der visuellen Markenelemente bei einem Brand Change/Rebranding definiert haben, stellt sich das Angebot heute stark erweitert dar. Brand Implementation beschränkt sich nicht mehr auf eine Einmalaktion, sondern ist aufgrund der aktuellen Anforderungen an die Marke und ihre Identität ein kontinuierlicher Prozess zur Unterstützung des Brand Managements geworden. Neben der Implementierung der wesentlichen visuellen Markenelemente sowie der Bereitstellung des gesamten Markenwissens gibt es zwei neue zentrale Aufgabe: Die Distribution des Brand Contents an alle Touchpoints der Marke sowie die Befähigung der betroffenen Unternehmensorganisationen zu einem effektiven und effizienten Brand Management.

Technisch-funktional gesehen, begnügte sich eine klassische Brand Implementation mit dem Rollout eines (neuen oder modifizierten) Corporate Designs der Marke. Das neue Logo wurde an Verwaltungsgebäuden und Fabrikhallen angebracht, neue Schilder und Stelen produziert und festschraubt, es gab neue Briefbögen und Visitenkarten, und die Fahrzeuge wurden frisch lackiert. Zudem musste der neue bzw. relaunchte Markenauftritt für die unterschiedlichsten Medien vorbereitet werden. Eine solche Implementierung war und ist ein logistischer Kraftakt, insbesondere wenn er die Corporate Brand eines internationalen Konzerns betrifft. Denn der neue Markenauftritt muss erstens möglichst schnell und zweitens über alle Standorte und Medien hinweg konsistent umgesetzt werden. Deshalb betrauen Unternehmen gut eingespielte Teams von Spezialisten mit dieser Aufgabe, die eine Implementierung zentral planen und dabei helfen, sie vor Ort zu realisieren.

In den letzten Jahren wurde allerdings auch zunehmend klar, dass die Fokussierung auf das Corporate Design und seine Umsetzung nicht mehr allein die Notwendigkeiten einer zeitgemäßen Markenführung abdeckt. Corporate Design hat seine ursprüngliche regulative Bedeutung verloren, und auch die abgemilderte Version von „Codes" und „Bookshelves" im Sinne gestalterischer Leitplanken ist nicht mehr maßgeblich. Stattdessen geht es um ein wirksames und identitätsstiftendes Branding, das im Kontext der neuen Medien immer wichtiger wird. Die Marke und ihr Visual Branding müssen schnell und gewissermaßen aus dem Stand heraus erkannt und eben auch umgesetzt werden: Die direkte reziproke Kommunikation mit den Shareholdern der Marke, die zunehmend zum Content der Markenkommunikation beiträgt, erfordert von Grund auf neue Denkansätze und Vorgehensweisen. Das Verständnis von dem, was Brand Implementation ist und kann, verlagert sich daher vom klassischen Corporate Design hin zum innovativen Content Supply Management, das die visuelle und wertebasierte Identität der Marke über technische Mittel gewährleistet. Das ist übrigens auch einer der Gründe dafür, dass im Content Management Inhalte (Content aller Art) und Formen (inklusive diverser Medienformate) getrennt vorgehalten und bearbeitet werden und erst wieder im spezifischen Kommunikationsmittel (Website oder Broschüre) zusammenfließen.

Die Organisation und Steuerung der Marke und ihrer Kommunikation kommt unter den heutigen Bedingungen also nicht um ein Brand Management herum, das in jeder Hinsicht auf die neuen Bedingungen der Markenkommunikation (Technik und Medien) und die Veränderungen im weiteren Umfeld (Ökonomie, Kultur und Gesellschaft) eingestellt werden muss. Unter diesem Aspekt gesehen, ist Brand Implementation kein einmaliger Vorgang mehr, sondern ein permanenter Unterstützungsprozess.

Das neue Verständnis von Brand Management, das zunehmend mit Content Supply Management befasst ist, das seinerseits mit der Generierung und Distribution von Brand Content befasst ist, hat für die Unternehmen und ihre Rolle als Markeninhaber tief greifende Konsequenzen: Sie müssen die richtigen Antworten auf den aktuellen Paradigmenwechsel der Markenführung, ihres Managements und ihrer Kommunikation finden und sie konsequent umsetzen. Brand Implementation unterstützt über die Mittel und Möglichkeiten eines zeitgemäßen Content Managements die Steuerung und Kontrolle der Marke sowie deren Prozesse und Kommunikation, im Zuge derer sämtliche Kommunikationsaktivitäten im Sinne der Brand Identity orchestriert werden können: Jede einzelne Kommunikationsmaßnahme zahlt so in die Marke ein und trägt über die Optimierung der kommunikativen Qualität (Brand Value) hinaus zur Wertsteigerung der Marke (Brand Equity) bei.

1.7 Brand Communication – Media & Touchpoints

Marke ist Kommunikation. Wobei sich die Rolle der Marke fortwährend verändert. Während sie früher der kommunikative Repräsentant eines Markeninhabers (Unternehmen, Organisation, Institution) war, ist sie heute ein proaktiver Kommunikator, der – dank der interaktiven Medien – im Dialog mit den (zunehmend individualisierten) Stakeholdern steht, die sich über eine wachsende Zahl an Kanälen an realen wie virtuellen Orten (hier wie dort: Touchpoints) mit der Marke direkt und reziprok austauschen. Die technische Entwicklung der Medien und die Fortschritte der Markenkommunikation bedingen sich gegenseitig: Neue technische Optionen der Medien – wie aktuell z. B. Social Media oder Online-Produktsupport – verbessern und verfeinern die Markenkommunikation, während umgekehrt die Marken durch ihre gut bezahlten Kommunikationsaktivitäten neuen Kanälen und Anwendungen zum Markterfolg verhelfen.

Die digitalen und interaktiven Medien, die zunehmend mobil genutzt werden, haben das kommunikative Verhältnis Marke = Sender zum Verbraucher = Empfänger (klassische Zeitschriften, Rundfunk oder TV) offenkundig revolutioniert. Das betrifft nicht nur Kommunikationsstrukturen und -verhalten, sondern auch Phänomene wie Produktpflege und Produktsupport über das Internet, Preisportale, Social Media-Debatten, Themen-Foren oder Blogs. Der Marken-Kunde ist nicht mehr nur Empfänger der Markenkommunikation. Er wird potenziell selbst zum Sender, liefert Brand Content und gestaltet die Markenkommunikation passiv wie aktiv mit. Die Frage ist allerdings, ob diese neue Konstellation tatsächlich so etwas wie eine Kommunikation auf Augenhöhe herstellt. In Wahrheit sitzen die Marken heute ähnlich wie in der zweiten Hälfte des 20. Jahrhunderts – also in der Zeit vor der großen digitalen Transformation – am längeren Hebel: Sie verfügen über die Kundendaten sowie die nötige Software zur Auswertung und Entwicklung von Nutzer- resp. Kundenprofilen. Von Gleichheit kann bei näherem Hinsehen eigentlich keine Rede sein.

Die digitale Revolution in der Markenkommunikation hat die kommunikative Schlüsselstellung der Brand Identity unter vielen Aspekten transformiert, stellt sie aber nicht grundsätzlich infrage. Entscheidend sind in diesem Zusammenhang aus unserer Sicht zwei Punkte: 1) Markenkommunikation wird zusehends individueller – das Konstrukt der Zielgruppe hat offensichtlich an Relevanz verloren, und die Brand Community wird tendenziell virtualisiert. 2) Anstelle der klassischen Mediaplanung tritt die feedback- und kontextsensible Organisation und

Versorgung von Touchpoints mit spezifischem Brand Content – ein zentrales Argument für die Installation eines effizient organisierten und auf eine effektive Markenkommunikation abzielenden Brand Managements.

Das Markenerlebnis im 21. Jahrhundert ergibt sich in diesem Szenario aus dem virtuosen Zusammenspiel gut gemanagter und entsprechend content-abgestimmter und -synchronisierter Touchpoints. Dabei haben die Touchpoints und ihr maßgeschneidertes Kommunikationsangebot Eventcharakter – auf welcher Ebene und in welcher Realität sie auch angesiedelt sein mögen. Dank ihrer eventspezifischen emotionalen Aufladung sind sie impactstark, wirkungsvoll und laden die Menschen erfolgreich zur Identifikation ein.

Literatur

Deichsel, A. 2004. *Markensoziologie.* Frankfurt a. M.: Deutscher Fachverlag.

Radtke, B. 2013. *Stadtslogans zur Umsetzung der Markenidentität von Städten.* Wiesbaden: Gabler.

Urde, M. 1999. Brand orientation: a mindset for building brands into strategic resources. *Journal of Marketing Management* 15:117.

2

The Brand – Vom Zeichnen zum Asset

Zusammenfassung Zu Beginn dieses Buches wollen wir zeigen, wie sich die moderne Marke seit ihrer Erfindung vor mehr als 100 Jahren entwickelt hat, welche Position sie aktuell in Wirtschaft, Kultur und Gesellschaft einnimmt und wie sie mittlerweile unsere Wahrnehmung der Realität präformiert.

Für die Menschen des 21. Jahrhunderts ist die Marke – wenn normalerweise auch nicht bewusst, so doch faktisch – eine soziokulturelle Institution. Im Gegensatz zu früher ist sie heute weit mehr als ein Zeichen, Qualitätssiegel oder Nutzenversprechen eines Unternehmens. Und sie ist unserer Beobachtung zufolge auch keineswegs auf die Nutzung und Anwendung durch Unternehmen oder Organisationen wie Verbände oder Parteien beschränkt. Offenbar hat die Marke ihren Geltungsbereich in den zurückliegenden Jahrzehnten immer weiter ausgedehnt und sich dabei universalisiert: Inzwischen organisiert sie zu einem großen Teil die Orientierung der Menschen im realen wie virtuellen Leben, gewinnt so etwas wie alltägliche Deutungshoheit und ist gewissermaßen unter der Hand zu einem konstitutiven Element der menschlichen Wahrnehmung geworden.

G. Misof und M. Schwarz, *Innovatives Brand Management*,
DOI 10.1007/978-3-658-17325-8_2

2.1 Die Mission der Marke

Die moderne Marke, wie wir sie heute kennen, wird seit Ende des 19. Jahrhunderts von Unternehmen zur Kommunikation genutzt. Ihre Ursprünge und einige elementare kommunikative Praktiken reichen jedoch bis in Vorgeschichte und Antike zurück. In den letzten 100 Jahren hat sich die Marke vom Zeichen und Signet mit Qualitätsversprechen hin in Richtung proaktiver Kommunikator und Sinnstifter entwickelt und ist mittlerweile zu einem zentralen strategischen Instrument der Unternehmensentwicklung herangewachsen.

2.1.1 Zur historischen Transformation der Marke

Marken sind so alt wie die Zivilisation. Man könnte sogar noch weiter gehen und sagen: Die historischen Vorläufer der Marke hatten einen wichtigen Anteil an der Verbreitung und Entwicklung der unterschiedlichsten menschlichen Kulturen. Die animistischen Gesellschaften kennen das Totem, das als Urahn und Schutzgeist fungiert. Bereits dieser mythische Glauben verfügte über ein sichtbares Identifikationsmerkmal, das in Form eines Zeichens – Totempfahl – an prominenter Stelle errichtet wurde. Auch die Menschen der Antike nutzten eine Vielzahl von Zeichen und Symbolen – bildhafte Schriftzeichen, Münzprägungen, Ornamente – die in Anbetracht ihrer kommunikativen Muster und Funktionen durchaus als Vor- oder Frühformen der Marke verstanden werden können. Klar ersichtlich werden die Grundmechanismen der Markenkommunikation bei religiösen Symbolen wie dem Kreuz oder dem Halbmond, die bis heute als Zeichen, Emblem und Identifikationsmittel Verwendung finden. Das Mittelalter mit seinen Ikonen, den Wappen des Adels und dem dazugehörigen heraldischen Regelwerk ließe sich ebenfalls als eine historische Etappe auf dem Weg zur modernen Marke interpretieren.

Die Marke im neuzeitlichen Verständnis hat primär eine ökonomische Funktion. Als kommunikativer Repräsentant eines Unternehmens diente sie in der frühen Phase der modernen Markenkommunikation als Markenzeichen, das auf Schildern, Plakaten oder Zeitungsinseraten ein

Qualitätsversprechen abgab und der Absatzförderung diente. Die Marke von heute ist dahin gehend sehr viel mehr als ein Signet, Siegel oder Symbol: Für die Menschen, die ein bestimmtes Markenprodukt erwerben, ist sie eine Art sinnstiftender Verheißung, die ihr Leben lebenswerter macht. Aus Sicht der Unternehmen ist die Marke zunächst einmal ein strategisch definiertes und operativ gezielt eingesetztes Instrument, das Märkte öffnet und Märkte macht.

2.1.2 Marke und Brand

Die moderne Marke, wie wir sie heute kennen, ist eine amerikanische Erfindung des späten 19. Jahrhunderts. Hier ist die Marke kein reines Qualitätssiegel mehr, sondern ein *Brand*, der über den besten Produktnutzen zum günstigsten Preis hinaus gesellschaftlichen Status und in bestimmten Fällen die Teilhabe an einer wie auch immer gearteten – und häufig sogar: exklusiven – Gemeinschaft verspricht. Der Begriff *Brand* geht bekanntlich auf die Kennzeichnung von Rindern in den großen Herden im neu erschlossenen Westen der USA durch ein Brandzeichen zurück. Und auch die moderne Marke schlechthin, die den „American way of life" (optimistisch, erfolgreich, jugendlich frisch und gut gelaunt inklusive einer mehr oder weniger latenten Affinität zum exzessiven Drogenkonsum) seit jeher verkörpert, wurde 1893 in Atlanta eingetragen: Coca Cola. Solche frühen modernen Marken gab es nicht nur in den Vereinigten Staaten, sondern auch in Deutschland. Man denke nur an Produktmarken wie Persil (1907), Nivea (1911) oder die Bayer-Medikamente (auch Deutschland hat schließlich seine Drogentradition) Aspirin (1897) und Heroin (1898).

Betrachtet man die Entwicklung der Marke durch die historische Brille, ist die Unterscheidung zwischen Unternehmensmarke und Produktmarke nichts Neues – sie ist so alt wie die moderne Marke selbst. Ungeachtet dessen macht es Sinn, die moderne Marke vor allem als Unternehmensmarke, also als *Corporate Brand*, zu betrachten. Denn die Corporate Brand hatte in der Hierarchie der Markenarchitektur von Anfang an fast immer Priorität (Ausnahmen bestätigen die Regel), und gerade heute dominiert sie in vieler Hinsicht immer noch die dazugehörige *Brand Family*. Auch mit Blick auf die kommunikative Wirkungsweise von Marken ist dieser herausgehobene Status maßgeblich: Die Corporate Identity trägt – zumindest aus unserer Sicht – nach wie vor wesentlich zur Grundkonstruktion der Brand Identity bei, die ihrerseits wiederum ausschlaggebend für die kommunikative Funktionalität und Wirksamkeit der Marke ist. Welche Produkt- oder Submarken mit der Corporate Brand in welcher Art und Weise zusammenhängen, sich aus ihr ableiten und wie das Ganze innerhalb einer Markenarchitektur aufgebaut ist, bleibt dem gegenüber sekundär. BMW ist also wichtiger als der 5er, und Apple bekannter als beispielsweise der Newton (ein früher Flop der Marke mit dem Apfel-Logo). Natürlich gibt es vor allem im Segment Consumer Goods auch Gegenbeispiele wie die wohlbekannte Hautcreme Nivea (starke Produktmarke mit stetig wachsender Brand Extension) und den weniger bekannten Hersteller Beiersdorf (schwache bzw. im Hintergrund geführte Dachmarke ungeachtet einer DAX-Notierung). Vieles spricht dafür, dass der Primat der Corporate Brand auch innerhalb der sonst egalitären Brand Family überleben wird. Marken, die wirken, weil sie die richtigen Leistungen anbieten, für einen erstrebenswerten Lifestyle stehen, ihre Leistungen mit einem zusätzlichen emotionalen Nutzen aufladen und sich durch ein selbstähnliches Erscheinungsbild auszeichnen, müssen dazu im Kopf der Kunden/Nutzer/Verbraucher bewusst/vorbewusst/unbewusst verankert werden – und eben das kostet den Markeninhaber sowie die mit Markenführung und Markenkommunikation betrauten Operators jede Menge Energie, Aufwand und Geld. Eine Marke muss strategisch richtig positioniert, ihr Erscheinungsbild professionell gestaltet und über alle Veränderungen der Märkte und der Gesellschaft hinweg über einen langen Zeitraum gemanagt werden. Kostspielig ist dabei vor allem die mediale Umsetzung sowie die permanente Präsenz der Kommunikation. Von daher haben die Unternehmen heute ein vitales Interesse daran, ihr Markenportfolio möglichst klein zu halten und ihre Investitionen in Branding und Marketing auf eine starke *Corporate Brand* (bei der es sich heute in der Praxis auch durchaus um eine Brand Family handeln kann) zu konzentrieren.

2.1.3 Die kulturelle Macht der Marke

Im Verlauf des 20. Jahrhunderts verwandelte sich die moderne Marke von einem Zeichen oder Signet als Absender einer Reklame zu einer Brand: Einem aktiven Kommunikationsinstrument mit den Mitteln von Werbung und Marketing – wobei die Werbung im Laufe der Zeit immer stärker dem Marketing untergeordnet wurde und irgendwann – Sales first! – zur Marketing Kommunikation mutierte. Doch diese Geschichte ist mit Blick auf *The Brand* aktuell schon längst nicht mehr der Stand der Dinge: Die Marke heute hat Erlebnis-, Orientierungs- und Lifestyle-Qualität, und sie fungiert als Sinnstifter bis hin zu einer Art von Ersatzreligion. Ob groß oder klein, international oder lokal, elitär oder basisdemokratisch, breit aufgestellt oder extrem spezialisiert: Es gibt Marken, die über eine besondere Aura verfügen, die sie aus dem normalen Waren-Kosmos herausheben und ihnen einen hochattraktiven Kult-Status verleihen. Zu diesen *Brand Icons* zählen wir aktuell beispielsweise – das kann sich allerdings immer wieder einmal ändern kann – Tiffany und Apple, Hermès und Mini, Patek Philippe und Marc Jacobs, Chateau Petrus und Harley Davidson. Im Vergleich dazu funktionieren Marken wie Amazon, BMW, Louis Vuitton, Rolex, Porsche oder Moet & Chandon rein ökonomisch gesehen oft sogar noch besser – auch wenn sich ihr Markenimage nicht (mehr) durch einen exponiert ikonografischen Kult-Charakter auszeichnet.

Die Mission der modernen Marke erschöpft sich keineswegs in der erfolgreichen Auslobung eines bestimmten Leistungsangebots, das in seiner Konsequenz über die Etablierung einer eingeschworenen Fan-Gemeinde bis hin zu einer quasi religiösen *Brand Community* reichen kann. Entscheidend für die Bedeutung der Marke in der sich – ungeachtet aller gegenläufigen Tendenzen – globalisierenden Konsumkultur des 21. Jahrhunderts ist vielmehr ihre Fähigkeit, massiv und nachhaltig unsere Wahrnehmung der Welt zu präformieren und zu beeinflussen. Wie Menschen heute die Realität wahrnehmen, erleben und interpretieren, hängt – vor allem angesichts der zunehmenden Omnipräsenz der digitalen und interaktiven Medien – direkt mit unseren Markenpräferenzen und Markenbindungen zusammen. Die Marke konstituiert mit und über die Medien unter Nutzung digitaler Technik unsere Wahrnehmung von Realität. Sie hat sich zu einer kulturellen Macht entwickelt, die psychologische Effekte, sozioökonomische Trends und innovative Technik virtuos für ihre Zwecke nutzt.

2.1.4 Die Marke im Spiegel der Wissenschaft

Die offensichtlich wachsende ökonomische, soziale und kulturelle Bedeutung der Marke hat vor allem in den letzten 30 Jahren das Interesse vieler Wissenschaftler geweckt. Die Ausgangslage der theoretischen Betrachtungen des Marke ist eigentlich immer dieselbe: So gut wie niemand bestreitet heutzutage, dass die Marke für Wirtschaft und Gesellschaft immer wichtiger wird. Gleichzeitig bleibt jedoch weitgehend im Dunkeln, wie Marke schlüssig definiert werden kann, wie genau sie funktioniert und wie sie am besten gemanagt werden kann. Natürlich gibt es klassische Definitionen der Marke wie die der *American Marketing Association AMA* von 1960: „A name, term, sign, symbol, or design, or a combination of them which is intended to identify the goods or services of one seller or a group of sellers and to differentiate them from those of competitors." Die Frage muss allerdings erlaubt sein, ob diese marketing-lastige Beschreibung tatsächlich noch aktuell ist und vor allem: Inwieweit sie die faktische Bedeutung und Wirkung der Marke heute tatsächlich erfasst.

In ihrem Standardwerk *Brand Management – Research, Theory and Practice* stellen Tilde Heding, Charlotte F. Knudtzen und Mogens Bjerre (2009) sieben Markenmodelle (brand approaches) vor, die zwischen 1985 und 2006 entwickelt und diskutiert wurden:

1. The economic approach
Die Marke wird in diesem Modell als Teil des traditionellen Marketing Mix gesehen, der vor allem auf den 4Ps (Product, Price, Place, Promotion) beruht.

2. The identity approach
Hier wird die Marke in Form der Corporate Brand im Wesentlichen auf das Konzept der Corporate Identity zurückgeführt.

3. The consumer-based approach
Ausschlaggebend für dieses Modell sind die Assoziationen, die eine Marke im Kopf des Konsumenten auslöst.

4. The personality approach
Dieser Ansatz modelliert die Marke nach dem Vorbild der menschlichen Persönlichkeit.

5. The relational approach
Die Marke fungiert und posiert in diesem Modell als Partner und Freund ihres kommunikativen Adressaten.

6. The community approach
Aus dieser theoretischen Perspektive gesehen ist die Marke der Dreh- und Angelpunkt einer sozialen Interaktion und stiftet eine Subkultur.

7. The cultural approach
In diesem Fall mutiert die Marke zu einem kulturellen Aktivisten und schafft auf diesem Weg eine Kult-Marke (Icon Brand).

Wie soll man diese theoretischen Marken-Modelle beurteilen? Aus unserer Sicht bieten sich zur Beantwortung dieser Frage drei wesentliche Aspekte an:

- In Theorie und Praxis haben alle hier aufgelisteten Modelle eine methodische Relevanz. Wissenschaftler neigen dazu, ihre Untersuchungsgegenstände analytisch zu untergliedern und strikt voneinander abzugrenzen. Das kann sinnvoll sein. Im Fall der Marke ist es allerdings so, dass alle hier vorgestellten Merkmale und Eigenschaften – wie auch einige hier nicht erwähnte – zusammenwirken. Synthetische Modelle mögen aus wissenschaftlicher Sicht weniger präzise sein. Im Blick auf die Marke drängt sich ein synthetischer Ansatz aber geradezu auf.
- Die Entwicklung der letzten zehn Jahre konnten in dem hier zitierten Buch nicht mehr berücksichtigt werden. Das ist aber genau der Zeitraum, in dem die neuen digitalen und interaktiven Medien einen Paradigmenwechsel der Markenkommunikation herbeigeführt

haben. Diese neue Entwicklung, die ja noch nicht abgeschlossen ist, hat die Marke, ihre Kommunikation und ihr Management unserer Ansicht nach revolutioniert und sollte daher mit besonderer Aufmerksamkeit betrachtet werden.

- Die sieben Modelle können auch als Chronologie gelesen werden: Der ökonomische bzw. durch das Marketing inspirierte Ansatz geht auf das Jahr 1985 zurück, während das letzte Modell in der Taxonomie im Jahr 2000 datiert wird. Wie immer man diese Zuordnung und Klassifikation beurteilen mag: Es ist offensichtlich, dass sich der Untersuchungsgegenstand, die Marke, immer wieder sehr rasch verändert hat und weiterhin verändert, was aufseiten der Wissenschaft dazu führt, dass man sie immer wieder mit neuen Modellen definitorisch in den Griff bekommen möchte. Wir haben uns deshalb für eine andere Methodik entschlossen und schlagen vor, die Marke und ihre Wirkung in einem weiteren historischen, sozioökonomischen und soziokulturellen Kontext zu betrachten. Die Marke verändert sich permanent, weil sie auf die andauernden Veränderungen in Wirtschaft und Gesellschaft reagieren muss, soll sie weiterhin wie gewünscht funktionieren.

2.2 Marke und Gesellschaft

Die Bedeutung der Marke für die zeitgenössische Kultur und Gesellschaft wird immer noch unterschätzt: Zwar ist ihr makroökonomischer Status unbestritten, und auch ihre betriebswirtschaftliche Bedeutung steht außer Frage. Doch die Wirkung der Marke geht heute sehr viel weiter: Sie ist zu einem erstrangigen Funktionsträger soziokultureller Orientierung und Identifikation geworden.

2.2.1 Die Marke als volkswirtschaftlicher Faktor

Die ursprüngliche Kommunikation eines Unternehmens mit seinen Kunden verlief direkt und ohne Umwege über sein Produkt. Das Unternehmen ist in diesem – idealtypisch verkürzten – historischen Szenario ein vorkapitalistischer Betrieb wie z. B. ein Bauernhof oder eine Schmiede, und noch kein renditeorientiertes Unternehmen im modernen Sinn. Dieser Betrieb fertigt seit Jahrhunderten ein und dasselbe Produkt und bringt es regelmäßig auf den Markt in der nächsten Stadt. Die Kunden sind auf dieses Produkt angewiesen, benötigen es dringend und begeben sich daher ebenfalls auf den besagten Markt. Hier kommen beide Seiten zusammen: Das Produkt wird erworben, und Unternehmen wie Kunden sind glücklich. Die einen haben eine dringend benötigte Ware erworben, die anderen ein Äquivalent in Form einer Tauschware oder von Geld erhalten.

Eine solche rudimentäre Marktwirtschaft existiert allerdings nur unter vorindustriellen Bedingungen: Handwerkliche Fertigung anstelle kapitalistisch wirtschaftender Industrieunternehmen, überschaubare lokale Märkte, elementare Bedürfnisse seitens der Konsumenten, unproblematischer Absatz von Basic Products dank starker Nachfrage und unterentwickeltem Angebot.

Mit der fortschreitenden Industrialisierung und dem tendenziellen Überangebot an Waren aller Art gelten auf einmal prinzipiell neue Bedingungen und Regeln: Unternehmen müssen rentabel arbeiten (Gewinnorientierung), Märkte entwickelt und gepflegt (Marketing), Bedürfnisse geweckt (Werbung) und Hersteller und deren Produkte und Leistungen aktiv ausgelobt und kommuniziert werden (Branding). In diesem veränderten Kontext eines nunmehr angebotsorientierten Marktes kommt die Marke in ihrer heutigen Gestalt ins Spiel. Sie mutiert im zunehmend komplexen Geflecht der modernen Wirtschaft zu einem Instrument, das die effektive Kommunikation eines Unternehmens mit seinen Kunden ermöglicht, organisiert und steuert. Der alte Grundsatz des deutschen Fabrikanten: „Mein Produkt spricht für sich selbst" gilt unter diesen Vorzeichen nicht mehr. Stattdessen spricht seit Beginn des 20. Jahrhunderts zunehmend die Marke für das Unternehmen und seine Produkte.

2.2.2 Soziokulturelle Komplexität und individuelle Wahrnehmung

Welche Rolle spielt die Marke heute? Der Zugang zum Markt, die Weckung von Kaufbereitschaft sowie die Bindung der Kunden an Unternehmen und ihre Produkte bzw. Leistungen mithilfe der Marke sind mittlerweile mehr denn je von entscheidender Bedeutung für die Funktionsfähigkeit von Wirtschaft und Gesellschaft. Der volkswirtschaftliche Stellenwert der Marke ist offensichtlich: Die Marke macht und sichert Märkte, veredelt Produkte, verschafft den Botschaften des Markeninhabers im Zeitalter eines notorischen Überangebotes an Waren, Informationen und Reizen bei einem mental überforderten Publikum Gehör, bietet den Kunden wie sonstigen Anspruchsgruppen ein hohes Maß an Sicherheit und Orientierung, lädt die Menschen zur Identifikation sowie zum gegenseitigen persönlichen Austausch, zur Kollaboration, zur Gemeinschaftsbildung ein.

Angesichts ihrer herausragenden wirtschaftlichen Bedeutung und hoch entwickelten kommunikativen Potenz wäre es verfehlt, die Marke einfach nur als eine ökonomische Angelegenheit unter vielen anderen zu sehen. Die Marke ist in Wahrheit – und das gilt heute mehr denn je – auch ein Phänomen von erstrangiger gesellschaftlicher und kultureller Tragweite. Das haben mit als erste die radikalen Kritiker des neuen weltweiten Markenuniversums wie Naomi Klein erkannt, die nach der Publikation ihres Buches „No logo!“ im Jahr 2000 die paradoxe Erfahrung machte, plötzlich selbst als Marke wahrgenommen zu werden.

Die wirtschaftliche, gesellschaftliche und kulturelle Bedeutung, die der Marke aktuell zukommt, erklärt sich nicht nur durch die Macht und den finanziellen Einsatz der großen internationalen Konzerne, die Jahr für Jahr Milliardenbeträge in ihr Branding investieren. Mindestens ebenso wichtig ist inzwischen die Omnipräsenz der digitalen Medien in der globalisierten Gesellschaft von heute und die damit verbundenen, sich von Grund auf neu formierenden Rezeptions-, Kognitions- und Identifikationsmuster von Individuen und Gruppen. Diese Medien mit ihren neuen technischen und kommunikativen Möglichkeiten sind längst kein Abbild der Realität mehr – wenn Medien das denn jemals waren. Und sie sind offensichtlich mehr als ein Teil der Realität: Vieles spricht für die Annahme, dass die Marken im Zeitalter des Digital Brandings unsere Realität präformieren, den Zugang zur Realität erst möglich machen und im Zuge dessen direkt und zunehmend prägend auf die Wahrnehmungen, Empfindungen und Meinungen von uns allen einwirken. An der Spitze dieser Entwicklung stehen momentan *Social Media* wie Facebook und Twitter, durch die der direkte zwischenmenschliche Kontakt und Austausch zunehmend mithilfe digitaler und interaktiver Anwendungen medialisiert und in virtuelle Räume verlagert wird.

2.2.3 Marke als Instanz soziokultureller Orientierung und Identifikation

Starke Marken haben die Eigenschaft, in einer stetig wachsenden Überfülle von Informationen, Nachrichten und Reizen eine einfache und äußerst attraktive Botschaft zu senden: Auf mich, die Marke, ist Verlass. Du kannst mir vertrauen. Ich zeige Dir den Weg zu exzellenten Produkten und Leistungen und damit zu mehr Lebensqualität und einem besseren Status. Starke Marken zeichnen sich dadurch aus, dass sie allen möglichen Krisen, Veränderungen und Katastrophen trotzen und sie mehr oder weniger unbeschadet überstehen. Mehr noch: Je instabiler sich das wirtschaftliche, politische und soziokulturelle Umfeld gestaltet, desto heller scheint der Glanz der Marke. „Persil bleibt Persil" ist in Deutschland eine idiomatische Redewendung – und das nicht erst seit den 1950ger Jahren. Auch die großen Corporate Brands der deutschen Automobilindustrie – Mercedes, Volkswagen, BMW – haben Kriege, Wirtschaftsdepressionen, Inflationen, politische Systemwechsel und soziokulturellen Wertewandel ungeachtet aller damit verbundenen temporären Krisen mit Bravour überstanden. Markennamen wie BASF, Bosch oder Allianz signalisieren eine Kontinuität und Stabilität, die so kaum eine andere politische oder gesellschaftliche Institution für sich beanspruchen kann. Ist das ein spezifisch deutsches Phänomen? In mancher Hinsicht wohl schon. Doch es gibt heute auch Indizien dafür, dass parallel zur wirtschaftlichen Globalisierung eine wachsende und tiefe Verunsicherungen von zahlreichen Bevölkerungsgruppen in allen

Regionen der Welt entstanden ist – so etwa in den USA und Europa, aber auch in der islamisch geprägten Welt. In solchen Situationen bieten Marken – sofern sie denn gut geführt und glaubwürdig sind – den Menschen Halt und Orientierung.

Wie auch immer: Die Orientierungs- und Identifikationsangeboten einer starken Marke stehen stets im Bezug zu einem besonderen soziokulturellen Kontext, einer wie auch immer definierte kulturellen oder nationalen Mentalität. Betrachtet man die großen, erfolgreichen und vergleichsweise jungen amerikanischen Unternehmen und ihre Marken wie z. B. Google oder Apple, geht es hier nicht so sehr um Sicherheit und Kontinuität, sondern vorrangig um Innovation und Pioniergeist. Schon dieses einfache Beispiel macht sichtbar, wie komplex die Markenführung heute für ein global operierenden Konzern sein kann: Unterschiedliche geschichtliche Erfahrungen und kulturelle Wertvorstellungen führen dazu, dass an Marken in ihrer Eigenschaft als Orientierungs- und Identifikationsangebot an unterschiedlichen Orten der Erde sehr unterschiedliche Erwartungen gestellt werden. Eine Marke kann heute nur dann erfolgreich sein, wenn sie derartige, letztlich kulturell vermittelte Erwartungen möglichst überzeugend und glaubwürdig erfüllen kann. Wo das nicht funktioniert, bekommt sie früher oder später Probleme.

2.3 Wirtschaftsgut Marke

Die zunehmende Relevanz der Marke für Unternehmen findet schlaglichtartig in der monetären Brand Equity ihren Ausdruck. Für immer mehr Unternehmen hat sich der Markenwert zum wichtigsten Treiber des Unternehmenswertes entwickelt. Und weil Brand Value und Brand Equity zunehmend den Wert des Unternehmens bestimmen, wird die Markenführung zu einem Kernelement der Unternehmensstrategie.

2.3.1 Marke aus betriebswirtschaftlicher Sicht

Aus dem klassischen Blickwinkel von Betriebswirtschaft und Marketing ist die Marke für ein Unternehmen zunächst deshalb von Bedeutung, weil sie die Kommunikation dieses Unternehmens mit seinen Kunden organisiert, steuert und optimiert und dessen Produkte mit einem markenspezifischen Zusatznutzen (ein klassisches Beispiel hierfür wäre die Stützung eines bestimmten gesellschaftlichen Status) ausstattet. Im herkömmlichen Marketing-Verständnis bietet die Marke den Konsumenten in den gesättigten Käufermärkten (Überflussgesellschaft im Sinne eines Überangebotes an Waren) die Möglichkeit einer rationalen Orientierung durch die Kommunikation von Produktnutzen und Produktpreis, die sich von den vergleichbaren Angeboten des Wettbewerbs abheben. Die Marke gibt ein Qualitätsversprechen ab, das für die angesprochene Zielgruppe über jeden Zweifel erhaben sein sollte.

Die Frage drängt sich auf: Ist diese klassische Funktion der Marke, die auf eine handfeste Positionierung und eine deutliche Qualitätsbotschaft hinausläuft, auch heute noch aktuell und relevant? Oder ist ein solches klassisches Markenverständnis im Zeitalter der hoch beschleunigten, digitalisierten und finanzmarktgetriebenen Wissens-Unternehmen nicht total veraltet? Sind Marken im Zeitalter von Digital Branding nicht eher so etwas wie von den wirklichen Unternehmen und ihren Produkten abgelöste virtuelle Kommunikationsagenten, die über eine schier unendliche Zahl an Touchpoints mit den Kunden kommunizieren und ihnen so im Endeffekt eine ebenso tief gehende wie nachhaltige *Brand Experience* vermitteln? Beide Sichtweisen haben unserer Ansicht nach eine gewisse Plausibilität. Doch im Endeffekt schließen sie sich gegenseitig nicht aus – auch wenn das auf den ersten Blick vielleicht so scheinen mag. Denn sie bauen aufeinander auf. Der Kronzeuge für dieses Denkmodell ist der Nestor der Managementtheorie, Peter F. Drucker, der sich mit Blick auf Unternehmen auf den gesunden altmodischen Standpunkt stellte: „Companies don't make money. Companies make shoes."

2.3.2 Produktnutzen und Markenwirkung

Zu den zentralen Aussagen der Managementtheorie von Drucker zählt seine Betrachtung über den Zusammenhang von Kunden, Produkt und Produktnutzen. Seiner Beobachtung zufolge ist der Kunde nicht nur einfach am Produkt interessiert, sondern vor allem an dessen Nutzen.

Worauf Drucker nirgendwo eingeht, ist die Tatsache, dass dieser Nutzen bzw. unsere Nutzen-Wahrnehmung inzwischen immer stärker durch die Marke beeinflusst wird – denn die Marke kommt in seiner Management-Theorie überhaupt nicht vor. Warum das? Wir denken, dass das auf historische Gründe zurückzuführen ist: In den 1940ger bis 1990ger Jahren, in denen Drucker seine Theorien entwickelte, hatte die Marke für die Unternehmen zwar schon einen hohen praktischen Stellenwert, aber noch nicht die strategische Bedeutung, die ihr heute zukommt. Die Prioritäten waren anders gewichtet: Management war etwas Interdisziplinäres und Erfolg versprechendes, Marketing etwas Märkteschaffendes und Absatzförderndes, Werbung etwas Informatives und Unterhaltsames, und Branding stand vor allem für den schönen Schein – die polierte Oberfläche des Markenauftritts. Kein Wunder, dass sich der Ökonom Drucker auf das Management konzentrierte. Dennoch ist die These nicht von der Hand zu weisen, dass der Nutzen eines Produktes heute in wachsendem Maße durch die Marke determiniert wird. Wie das in der Praxis funktioniert, zeigt ein einfaches Beispiel: Man kann sich – falls man sich nicht mit seinem Handy begnügt oder eine Smartwatch trägt – eine Armbanduhr kaufen, die robust gebaut ist, sehr präzise die Zeit anzeigt und gerade mal 20 $ kostet. Oder eine Rolex, die sich ebenfalls durch eine solide mechanische Konstruktion auszeichnet, recht genau geht und für rund 20.000 $ den Besitzer wechselt. Solch ein statusträchtiges Accessoire transportiert eben auch einen intagiblen Nutzen in Form einer deutlichen Botschaft: Mein Träger ist ein Mensch, der erfolgreich ist und zu einem gesellschaftlichen Milieu gehört – oder zumindest: gehören möchte –, das ihm ermöglicht, Einfluss und Macht auszuüben und Anerkennung zu genießen.

Das Modell eines produktfokussierten und aufgrund seiner zeitgemäßen und effektiven Markenführung sowohl nutzen- als auch kundenorientierten Unternehmens ist demnach kein Atavismus, sondern die unverzichtbare Grundlage für eine nachhaltige strategische Perspektive. Engagement, Qualität und Leidenschaft für Produkte und Dienstleistungen mögen sich nach old school anhören. Doch wenn solche Attribute von einer starken Marke gestützt werden, die glaubwürdig und verlässlich funktioniert, ihre Produkte mit positiven Signalen und Emotionen auflädt, sie mit einem zusätzlichen soziokulturellen Nutzen versieht und zudem mit ihren Kunden über alle Touchpoints hinweg konsistent, glaubwürdig und nachhaltig kommuniziert, ist das dazu gehörige Unternehmen und seine Marke aller Voraussicht nach für die Zukunft bestens aufgestellt.

2.3.3 Unternehmenswert und Markenwert

Die wachsende strategische Bedeutung der Marke für das Unternehmen zeigt sich in ihren zunehmenden ökonomischen Auswirkungen auf eine klassische betriebswirtschaftliche Größe: Den *Unternehmenswert.* Bezeichnenderweise wurde das zunächst von den tough guys erkannt, die für Investmentbanken, Private Equity Firms und Wirtschaftsprüfungsgesellschaften arbeiten. Was immer man über die Protagonisten der Finanzindustrie denken mag: Niemand wird bestreiten, dass sie einen guten Riecher dafür haben, wie, wo und wann man Geld machen kann. Wenn Finanzexperten heute den Wert eines Unternehmens berechnen, beziehen sie den *Brand Value* oder genauer: Die *Brand Equity* ausdrücklich mit ein. Beim Markenwert handelt es sich also um eine nachweisbare monetäre Größe, einen bezifferten Geldbetrag. Das führt z. B. dazu, dass der Börsenwert eines Unternehmens mit starker Marke deutlich über seinem Bilanzwert liegen kann.

Brand Equity – also der über einen Geldbetrag quantifizierte Markenwert – hat ab den 1960er Jahren ganze Legionen von Finanzwissenschaftlern und Verhaltensforschern in Atem gehalten. Bekannte Modellvarianten zur Markenwertberechnung werden u. a. von Nielsen und der GfK vermarktet. Mittlerweile gibt es rund 500 verschiedene Modelle in allen nur denkbaren methodischen Ausformungen, die im Falle ihrer Anwendung regelmäßig zu recht unterschiedlichen Ergebnissen gelangen – was wohl auch mit den Kundenportfolios der jeweiligen Beratungsunternehmen und ihrer Mutterkonzerne zu tun hat. Eine Reaktion auf die stark differierenden Markenwertberechnungen ist die DIN-ISO-Norm 10668 von 2010, die Mindeststandards festlegt, die zu einer Vereinheitlichung der Bewertungsergebnisse führen soll.

Das in seiner öffentlichen Wirkung bislang bekannteste Modell geht auf die Corporate Identity-Agentur Interbrand zurück. Auch hier war und ist nicht die reine Wissenschaft am Werk, sondern zunächst einmal ganz offensichtlich ein handfestes Geschäftsinteresse. Ungeachtet dessen scheinen die Ergebnisse vergleichsweise zuverlässig zu sein: Bei diesem Scoring-Ansatz, der auf der Bewertung von aktuell zehn Faktoren aufbaut (Interbrand 2016), wird über die Vergabe von Punkten zunächst die Markenstärke ermittelt. Hieraus wird in einem zweiten Schritt ein Multiplikator abgeleitet, aus dem dann schließlich der Markenwert berechnet wird. Das erste Brand Ranking von Interbrand wurde 1988 veröffentlicht und wird seither jedes Jahr neu publiziert. Der Anwärter auf den ersten Rang war Jahrzehnte lang mit steter Regelmäßigkeit Coca Cola, das erst 2013 auf den dritten Platz hinter Apple und Google abrutschte.

Mit der Bezifferung des Markenwertes wollte sich die Brand Consultancy Interbrand anfangs offensichtlich gegen die Mentalität innerhalb vieler Unternehmen wehren, die vorzugsweise auf sparwütige Controller und hemdsärmlige Sales Manager zurückging. In dieser Welt der Bedenkenträger und Haudegen waren vertriebsunterstützende Promotion-Aktionen immer effektiv, Werbung zumeist rausgeschmissenes Geld und Branding eine schöngeistige Veranstaltung wirklichkeitsentrückter Designer. Solche Einschätzungen hatten lange Zeit ihre treuen Anhänger, doch diese sind in der Zwischenzeit zum Glück mehrheitlich im Ruhestand. Dieser altmodischen Variante der Marken-Skepsis steht inzwischen die unbestreitbare Tatsache entgegen, dass die Bilanzierung des Markenwertes inzwischen zu den Standardprozeduren solider Wirtschaftsprüfer zählt.

Das momentan aussagekräftigste Brand Ranking ist unserer Einschätzung nach Brand Z 100 von Millward Brown. Dieses Unternehmen der WPP-Group kommt wie Nielsen und die GfK aus der Marktforschung und hat sich als eine Art Rating-Agentur für Marken etabliert. Das Modell zur Berechnung des Markenwerts basiert in diesem Fall auf Umfragen und Interviews. Mithilfe dieser Ergebnisse wird ermittelt, in welchem Umfang die Marke für die Konsumenten verkaufsentscheidend ist. Es handelt sich also um einen empirisch gestützten Ansatz und keine „Experten-Algorithmen". Für 2015 veranschlagte Millward

Brown den Markenwert von Apple (die Nummer 1 in jenem Jahr) auf $ 247 Mrd., Google (Platz 2) kommt auf $ 174 Mrd., Coca Cola (Rang 8) auf $ 84 Mrd., Alibaba auf $ 66 Mrd. und BMW auf $ 26 Mrd. Bemerkenswert ist in diesem Zusammenhang, dass z. B. eine hochexklusive Luxusmarke im Familienbesitz wie Hermès mit einem Markenwert von $ 18 Mrd. vor Marken wie Intel, Ikea, Siemens, H&M, Ford und Aldi platziert ist.

Wie immer man den jeweiligen Markenwert und das Ranking dieser Brands bewerten mag: Offensichtlich geht es hier nicht um Peanuts, sondern um viel Geld. Der Blick auf die aktuellen Brand Equities und Rankings macht drei wichtige ökonomische Entwicklungen deutlich, die im Kontext der globalisierten Wirtschaft und Gesellschaft gesehen werden müssen:

- Der Markenwert ist international zu einer harten Währung geworden. Er ist monetär quantifizierbar und wird in internationalen Rechnungslegungsvorschriften wie US-GAAP oder IFRS als immaterieller Vermögensgegenstand in der Bilanz ausgewiesen.
- Der Anteil des Markenwerts am klassischen Unternehmenswert hat im Lauf der Zeit bei vielen Unternehmen deutlich zugenommen. Was den einfachen Schluss erlaubt: Die Marke wird auch unter betriebswirtschaftlichen Aspekten zunehmend wichtiger. Sie ist ein Asset – also ein Vermögensgegenstand oder Kapital, das Wert generiert und somit essenziell zur Wertschöpfung des Unternehmens beiträgt.
- Die Tatsache, dass der Markenwert inzwischen zu einem wesentlichen Bestandteil des Unternehmenswerts herangewachsen ist, gilt nicht nur für klassische Markenbranchen wie z. B. Genuss- oder Luxuswaren. Sie betrifft praktisch alle Branchen wie z. B. die Automobil- und IT-Industrie, aber auch Dienstleistungen, Logistik und die Finanzindustrie. Mit einem Wort: Die Marke ist in ihrer ökonomischen Bedeutung und Tragweite als betriebswirtschaftlicher Treiber für die Unternehmen universell geworden.

2.4 Kommunikator Marke

Die Marke ist ein kommunikatives Phänomen sui generis und als solches mit der Entwicklung der Medien – klassische Printmedien, elektronische Massenmedien und neue interaktive Medien – auf das Engste verbunden. Dieser Zusammenhang ist wechselseitig: Die Markenkommunikation beflügelt seit ihren Anfängen die Medienentwicklung. Und die Medienentwicklung ermöglichte in der Vergangenheit und ermöglicht in der Gegenwart ihrerseits fortwährend neue Formen und Funktionen der Markenkommunikation.

2.4.1 Marken und Medien

Das Zusammenspiel von Marken und Medien ist in vielerlei Hinsicht bemerkenswert. Markenkommunikation war schon immer und ist heute mehr denn je über Medien vermittelt: Vom einfachen Blechschild oder Plakat, Printanzeigen in Zeitungen und Zeitschriften über Kinowerbung bis hin zu Spots und ganzen Sendungen in Rundfunk und TV. Sie alle wurden und werden von den Werbe- und PR-Abteilungen der Unternehmen oder anderer Organisationen wie Verbände oder Parteien unter Zuhilfenahme aller möglichen Dienstleister geplant, beauftragt, beeinflusst, produziert und geschaltet. Die alten Print- und E-Medien waren Broadcast im klassischen Sinn des Wortes: One-to-Many-Massenmedien, die ein breites Publikum ansprachen, ohne dieses Publikum aktiv einzubeziehen – die Adressaten waren schon aus technischen Gründen auf die Rolle des stummen Empfängers von Markenbotschaften reduziert.

Von daher ist der Siegeszug der interaktiven Medien in der Tat als eine kommunikative Revolution anzusehen. Das Internet – das inzwischen durch Smartphones und Tablets mobil und allgegenwärtig geworden ist – und die in ihm präsenten Kommunikationsangebote mit interaktiven Optionen ermöglichen eine direkte, schnelle und reziproke Kommunikation aller Beteiligten – also auch zwischen der Marke, ihren Kunden und sonstigen Stakeholdern. Die Massenmedien im 20. Jahrhundert kommunizierten „Top-Down“ und im Endeffekt autoritativ.

Der einzelne Kunde ging in der breiten Masse der Verbraucher unter, die medial berieselt wurden und sich bestenfalls indirekt über die Markt- und Meinungsforschung eine Stimme verschaffen konnten. Das alles verändert sich seit einigen Jahren radikal. Anstelle einkanaliger und autoritativ strukturierter Medien treten multimediale und multifunktionale Netzwerke. Der Adressat der Markenkommunikation von heute ist nicht mehr nur Empfänger, sondern zugleich auch Sender. Die Kommunikation mit der Marke wird zunehmend individualisiert und reziprok. Unterm Strich sitzen die Unternehmen dabei zwar nach wie vor am längeren Hebel – sie verfügen über die Kundendaten und haben das Know-how und die technischen Möglichkeiten (Big Data/Brand Intelligence), individuelle Kundenprofile in ihrem Sinne zu nutzen und im Endeffekt so auf den einzelnen Kunden wie auch die Märkte insgesamt einzuwirken. Auf der anderen Seite bündeln aber auch die Kunden ihre Kräfte und ihren Einfluss: Beispielsweise über Preisportale oder auch in Markenportalen wie Amazon, die Preisvergleiche möglich machen oder Produktbeschreibungen aus Sicht der Käufer enthalten. Ein Kunde, der heute Ärger mit einem großen Anbieter wie z. B. einer Bank, einem IT-Unternehmen oder einer Airline hat, kann inzwischen mit einer Drohung die Prozesse auf der anderen Seite in bisher nicht gekannter Weise beschleunigen: „Ich stelle meinen Fall jetzt ins Netz und poste das Ganze auf Facebook, und ihr werdet schon sehen, was ihr davon habt."

2.4.2 Markenkommunikation, Medienfunktionalität und Touchpoints

Wie weit geht der Einfluss der neuen interaktiven Medien auf die Markenkommunikation und deren Adressaten? Da es sich bei dieser Entwicklung – man denke nur an die mobile Internetnutzung beim Shopping, Entwicklungen wie Augmented Reality oder die Vernetzung von Geräten im Haushalt – um einen noch nicht abgeschlossenen Prozess handelt, wäre eine abschließende Antwort verfrüht. Wir halten es jedoch angesichts der heute schon essenziellen Bedeutung der interaktiven Medien für die Markenkommunikation für angemessen, Parallelen bis hinein in die Sozial- und Individualpsychologie zu ziehen: Zumindest in Deutschland herrschte im Zeitalter der klassischen Massenmedien noch der sozialpsychologische Typus des autoritären Charakters vor – obrigkeitshörig, autoritätsfixiert und tyrannisch gegenüber Schwächeren und Untergebenen. Mittlerweile wurde dieser autoritäre Charakter von einem narzisstischen Typus abgelöst, dessen Weltbild und Realitätswahrnehmung auffällig mit der Grunderfahrung im Umgang mit interaktiven Medien korrespondiert: Der Nutzer erlebt sich im Netz als Mittelpunkt der Welt. Die Digitalisierung der Medien und ihre interaktiven Optionen bei der Markenkommunikation führen dazu, dass der Nutzer unabhängig von den realen Machtverhältnissen den Eindruck hat, mit der Marke auf Augenhöhe zu kommunizieren. Zugegeben: Derartige Beobachtungen und Aussagen sind zweifellos hoch spekulativ. Doch eines ist offensichtlich: Erfolgreiche Markenkommunikation ist hier und heute ohne die interaktiven Medien nicht mehr vorstellbar.

Die technologisch bedingte Vermehrung von Kommunikationskanälen und Medien in den letzten Jahren wie auch die fortschreitende Individualisierung der Kommunikation sowie die Möglichkeit, praktisch jeden individuellen Klick zu dokumentieren und zuzuordnen, haben die Sichtweise der Markenpraktiker *(Brand Operators)* in Unternehmen, Organisationen und Agenturen auf die Planung und Durchführung von Markenkommunikation in vieler Hinsicht verändert. Sie denken immer weniger in Szenarien, die durch Zielgruppen und die klassischen Medien bestimmt werden. Stattdessen wird Markenkommunikation mittlerweile vor allem unter dem Aspekt von *Touchpoints* gesehen, die der Generierung von Brand Experience dienen. Auch in diesem Szenario – so sehen wir es zumindest – stellen sich die klassischen Aufgaben einer gut funktionierenden und daher erfolgreichen Markenkommunikation: Konsistente Brand Identity, einprägsames Erscheinungsbild, klare, eindeutige und glaubwürdige Markenbotschaften. Dennoch verändert das Konzept des Touchpoints das alte Markendenken: Markenkommunikation heute ist individuell, erlebnisorientiert, interaktiv und multidimensional. Ein Touchpoint kann ein realer oder virtueller Anlaufpunkt, ein Raum, ein Gerät, ein Medium, ein Artefakt, ein Zeichen, ein Signal oder eine Kombination von alldem sein – und die Markenkommunikation läuft nicht nur über einen, sondern über viele

Touchpoints, die jeweils einzelne Wahrnehmungsereignisse generieren, die in ihrer Summe eine umfassenden Brand Experience ergeben. Es handelt sich also um ein in jeder Hinsicht komplexes Konstrukt, was die Arbeit mit und für die Marke nicht unbedingt einfacher macht.

2.4.3 Erfolgsfaktoren interaktiver Markenkommunikation

Mehr denn je wird in Zukunft der Erfolg einer Marke davon abhängen, wie geschickt sie sich auf das veränderte Kommunikationsverhalten der Menschen einstellt, das durch die interaktiven Medien neu formiert wird. Dieses Verhalten wird augenblicklich einmal mehr von technischen Innovationen befeuert. Die mobile Kommunikation spielt dabei eine entscheidende Rolle. Schon jetzt ist zu beobachten, dass der Zugriff auf viele Internetangebote mehrheitlich von mobilen Endgeräten aus erfolgt. In Indien oder Ostafrika hat die Mehrheit der Nutzer den ersten Kontakt mit dem Internet über das Handy. Google, Apple, die Kreditkartenanbieter sowie die großen Banken testen bereits seit geraumer Zeit neue Anwendungen zum *Mobile Payment.* Eine große strategische Herausforderung für das Brand Management liegt also darin, ihrem Kommunikationsangebot auf mobilen Endgeräten zum Durchbruch zu verhelfen. Nebenbei bemerkt: Nicht nur die Kommunikation der Markenbotschaften erfolgt zunehmend mobil, auch das Brand Management selbst wird sich zunehmend mobil organisieren. Während heute in den Branding-, Werbe- und Marketingabteilungen der Unternehmen noch häufig Anwendungen auf PCs genutzt werden, wird in naher Zukunft ein Großteil der Markenarbeit über mobile Geräte abgewickelt werden.

Ist der Einfluss der interaktiven Medien auf die Marke sowie die Formen und Funktionen ihrer Kommunikation so stark, dass sich die Markenkommunikation von Grund auf neu erfinden muss? Es gibt Experten, die diese Auffassung vertreten. Danach führt die Planung und Gestaltung von *Interactive Brand Experience* gewissermaßen auf direktem Weg zu einem neuen Grundverständnis der Marke. Wir sehen das gelassener: Aus unserer Perspektive ist der Schlüssel zur Funktion der Marke nach wie vor eine konsistente Brand Identity, auf der jede erfolgreiche

Markenkommunikation – einfach, klar und wirksam – auch heute beruht. Es steht außer Frage, dass die Entwicklung und Sicherung der Brand Identity unter den heutigen Bedingungen – Globalisierung, Individualisierung, interkulturelle Einflüsse, IT-Innovationen, Interactive Media, Social Media, zunehmende gesellschaftliche, ökonomische und ökologische Komplexität – sehr viel schwerer zu bewerkstelligen ist, als das noch vor wenigen Jahren der Fall war. Dennoch: Dass die Marke so funktioniert, wie sie funktioniert, ist im Kern ihrer Identität geschuldet, die den Menschen die Wahrnehmung und Wiedererkennung der Marke und ihrer Botschaften auf eine äußerst komfortable und einprägsame Art und Weise ermöglicht und sie zu einer emotional intensiven und lang andauernden Identifizierung einlädt.

2.5 Fazit

Die Entwicklung und Transformation der Marke in den letzten 100 Jahren hat deren ökonomische, gesellschaftliche und kulturelle Bedeutung fortlaufend vergrößert. Ihre praktische Bedeutung für die Orientierung und das Leben der Menschen von heute ist kaum zu überschätzen. Aus Sicht des betreffenden Unternehmens ist seine Marke zu einem erstrangigen strategischen Asset geworden, das über den Erfolg im Markt, bei den Kunden und weiteren wichtigen Anspruchsgruppen wie Investoren und Beschäftigte entscheidet. Die aktuelle Relevanz der Marke für Stakeholder, Märkte und Unternehmen verlangt nach einem Digital Branding, das auf Grundlage einer klar definierten und konsistenten Brand Identity über alle Touchpoints der Marke hinweg eine individualisierte, reziproke und dabei durchgängige Kommunikation ermöglicht, die auf eine beeindruckende und glaubwürdige Brand Experience sowie eine langfristige Kundenbindung abzielt. Alle diese Aufgaben und Ziele müssen im Zusammenhang gesehen und aufgrund ihrer Komplexität und Relevanz entsprechend organisiert und systematisiert werden: Eine erfolgreiche Markenführung ist unter den heutigen Bedingungen nur auf der Basis eines strategisch und operational präzise eingestellten und abgestimmten Brand Managements möglich, das in der Organisation des betreffenden Unternehmens vernetzt und verankert ist.

Literatur

Heding, T., C. Knudtzen, und M. Bjerre. 2009. *Brand management: Research, theory and practice*. Abingdon: Routledge.

Interbrand. 2016. Best Global Brands. Von Methodology. http://interbrand.com/best-brands/best-global-brands/methodology/. Zugegriffen: 12. Dez. 2016.

3

Brand Management – Der Schlüssel zu einer erfolgreichen Markenführung

Zusammenfassung Die Markenkommunikation hat sich in den vergangenen Jahren von Grund auf verändert – und dieser radikale Veränderungsprozess ist keineswegs abgeschlossen. Es ist nur logisch, dass dieser Veränderungsprozess eine Vielzahl von Fragen und Herausforderungen für die Markenführung und das Brand Management aufwerfen. Sowohl strategisch als auch operativ gelten für die Marke veränderte Bedingungen und neue Regeln. Doch das ist – wie so oft in Umbruchsituationen – einfacher gesagt als getan. Entscheidend für den Erfolg einer Marke ist es in dieser veränderten Ausgangslage, die Marke und das heißt in diesem Fall konkret: ihr Management so zu organisieren, dass es die neuen kommunikativen Anforderungen, die im Zuge der technologischen Innovationsprozesse an die Marke gestellt werden, auch erfüllen kann.

Von daher befassen wir uns in diesem Kapitel vor allem mit den organisatorischen Aspekten des Brand Managements. Nach unserer Erfahrung sind auf dem Gebiet der Markenführung von Unternehmen die meisten Probleme auf der organisatorischen Ebene anzutreffen. Die wirkliche Herausforderung ist demzufolge also nicht nur auf strategischer Ebene oder bei einzelnen operativen Maßnahmen angesiedelt. Die

G. Misof und M. Schwarz, *Innovatives Brand Management*,
DOI 10.1007/978-3-658-17325-8_3

grundlegende Schwierigkeit besteht zudem darin, dass es keine adäquaten organisatorischen Strukturen gibt, auf denen die strategische und operative Markenführung aufbauen kann.

Vor dem Hintergrund dieser Einschätzung haben wir uns entschlossen, die Organisation des Brand Managements aus einer praxisorientierten Perspektive heraus anzugehen und einige Punkte zu benennen, die man als Markenverantwortlicher beachten sollte. Wichtig dabei ist es, dass man die wesentlichen Zusammenhänge und Abhängigkeiten mit Blick auf die eigene Marke erkennt und nicht auf die Idee kommt, mehr oder weniger blindlings in irgendeine Technologie (vorzugsweise für ein Digital Marketing, von dem man sich neue Leads und höheren Absatz verspricht) zu investieren. Den Paradigmenwechsel in der Markenführung und der Markenkommunikation bekommt man so nicht in den Griff. Eine erfolgreiche Markenführung und die Organisation des Brand Managements sind zwar nur mithilfe einer Vielzahl vergleichsweise neuer technischer Anwendungen zu erreichen. Es geht hierbei jedoch um sehr viel mehr als das. Denn andere Aspekte sind mindestens ebenso bedeutsam: So etwa die Einbettung des Brand Managements in die Organisationsstruktur des Unternehmens, der Change-Prozess für die Brand Operators und weitere Mitarbeitende innerhalb und außerhalb des Unternehmens, die Entwicklung geeigneter Strukturen und die Modellierung von Brand Management-Prozessen sowie die Optimierung der Brand Value Chain oder das Monitoring der Brand Performance.

Wie wir bereits gezeigt haben, ist der Paradigmenwechsel in der Markenführung und das neue Verständnis von Brand Management vor allem eine Folge der tief greifenden Veränderungen in der Markenkommunikation, die primär auf die neuartigen Kommunikationsmuster der Menschen im 21. Jahrhundert zurückgehen. Diese neuen Strukturen und Konventionen der menschlichen Kommunikation sind ihrerseits ein Ergebnis der technologischen Entwicklung in Form von Digitalisierung, interaktiven Optionen sowie schier unbegrenzter Rechen- und Speicherkapazitäten. Betrachtet man die Folgen dieser Entwicklung mit den Augen eines Old School-Brand Managers, der vielleicht schon vor der Millenniumswende in der Markenkommunikation tätig war, werden zwei Phänomene sichtbar, die er vor wenigen Jahren schlichtweg für ein Ding der Unmöglichkeit gehalten hätte: Die klassische Werbung – und mit ihr die Werbekampagnen – verliert ebenso rasant an Bedeutung wie die Marketingkommunikation – also im Endeffekt das vierte P im Marketing-Mix mit Namen „Promotion". Anstelle von Kampagnen und Promotions in klassischen Print- und E-Medien stehen nun die neuen digitalen, interaktiven, individualisierten und reziproken Medien und ihre Formate im Fokus der Markenkommunikation. Sie ermöglichen mittlerweile den informativen wie emotionalen Austausch mit der Marke in Echtzeit ohne Ortsbeschränkungen: Also Frontend-Markenkommunikation via Web und Soziale Medien mithilfe stationärer und vor allem mobiler Endgeräten zu allen nur denkbaren Themen von der Preisabfrage über automatisierte Service- und Supportleistungen für bestimmte Produkte bis hin zur Übermittlung und Auswertung individueller Gesundheitsdaten.

Das alles mag im ersten Moment recht abstrakt und modellhaft klingen, es läuft aber auf eine durchaus pragmatische Perspektive heraus. Brand Management im herkömmlichen Verständnis war bis in die jüngere Vergangenheit in erster Linie Branding-, Marketing- und Kampagnenmanagement. Inzwischen hat sich jedoch der Fokus der Arbeit mit und für die Marke in eine andere Richtung verlagert: Um heute die Kommunikation einer Marke angemessen organisieren zu können, muss man sich primär mit Content Management und Content Supply befassen – also der Belieferung der Touchpoints der Marke mit den für die Adressaten geeigneten Inhalten.

3.1 Das große Ziel vor Augen: Brand Governance und Brand Orientation durchsetzen

Damit die Markenführung und ihr zentrales Instrument, das Brand Management so funktionieren können, wie es unter den heutigen Bedingungen erforderlich ist, müssen eine Reihe von Voraussetzungen gegeben sein, die eine klare Zielorientierung und eine effektive Organisation der Marke ermöglichen. Hierzu zählen an erster Stelle Brand

Governance (im Sinne von strategischen und operativen Zielvorgaben) sowie Brand Orientation (als Leitbild und Organisationsschema). Beide Aspekte können in der Anfangsphase der Neukonzeption einer Markenführung und der Organisation des dazugehörigen Brand Managements noch nicht bis ins Detail realisiert oder auch nur geplant werden. Wichtig ist jedoch, dass für das eine wie das andere Feld bereits klare Ziele formuliert sind: Wer das Ziel nicht kennt, wird den Weg nicht finden. Daher beschreiben wir im folgenden ersten Abschnitt dieses Brand Management-Kapitels einige grundlegende Funktionen und Optionen, die nach unserer Einschätzung in Beziehung auf Brand Governance und Brand Orientation relevant sind.

3.1.1 Das Konzept Brand Governance

Die Bedeutung der Marke für Wachstum und Wert des Unternehmens ist mittlerweile unbestritten. Eine logische Konsequenz hieraus ist die Einsicht, dass Markenführung und Brand Management zu wichtig sind, um sie konzeptionell und organisatorisch dem operativen Marketing zu überlassen. Die Marke muss strategisch geführt werden, und das erfordert definitive Zielvorgaben der Unternehmensleitung. Diese Zielvorgaben schließen Zahlen zu Umsatz, Gewinn, Performance, Markenbekanntheit und Medienbudgets mit ein. Aber: Jede strategische Markenentwicklung hat neben der finanziellen und statistischen auch eine qualitative Dimension. Es muss klar sein, wer die Adressaten und wer die Absender der Markenkommunikation sind, für welche Werte die Marke steht, mit welchen Botschaften sie rational wie emotional die Kunden und sonstige Stakeholder erreicht aussendet.

Der Begriff „Governance" ist der politischen Sphäre entliehen. Er hat mit Regierung und Führung, aber auch mit Verwaltung und Erziehung zu tun. Corporate Governance und Brand Governance können als Antworten auf die Anforderungen einer zeitgemäße Unternehmensleitung bzw. Markenführung interpretiert und gesehen werden. In diesem Zusammenhang sind nach unserer Einschätzung zwei Aspekte besonders wichtig: Die Unternehmensleitung muss sich ihrer Verantwortung stellen, der Marke und ihrem Management Ziele setzen und diese kontrollieren. Das ist grundlegend, reicht jedoch nicht aus: Zeitgemäße Governance bedeutet auch Verwaltung, Erziehung, Umsetzung und Management. Praktisch geht es darum, über den engeren Kreis von Markenspezialisten/Brand Operators hinaus möglichst viele – im Idealfall: alle – Beschäftigte des Unternehmens mit ihrer Marke, deren Werte, Botschaften und Adressaten vertraut zu machen und sie zu einer effektiven Mitarbeit an der weiteren Entwicklung „ihrer Marke" zu motivieren. In der Welt von heute ist jede Regierung, die Erfolg haben möchte, auf die Mitarbeit der Staatsorganisation und letzten Endes die Teilnahme der Bevölkerung angewiesen. Mit der Brand Governance im Unternehmen verhält es sich ganz ähnlich: Good Brand Governance ist mehr als reine Befehlsausgabe, aber auch mehr als effizientes Management: Bevor sich die externen Stakeholder einer Marke für sie entscheiden und sich mit ihr identifizieren, müssen die internen Stakeholder der Marke im Unternehmen abgeholt, mitgenommen, überzeugt und motiviert werden.

Hält man sich dieses Bild von Good Governance vor Augen, wird klar, dass die begriffliche Unterscheidung von Brand Governance, Brand Orientation und Brand Management relativ unscharf ist. Das führt dazu, dass in aktuellen Artikeln oder auch wissenschaftlichen Untersuchungen mal der eine, mal der andere Begriff für ein und dieselbe Sache angeführt wird. Wir haben uns daher dazu entschlossen, Brand Governance unter dem Aspekt von strategischen und operativen Grundlagen und Zielvorgaben der Markenführung zu verstehen, Brand Orientation als Leitbild und Organisationsschema zu sehen und beim Brand Management die Strukturen und Prozesse für eine effektive und effiziente Performance der Marke und ihrer Kommunikation in den Mittelpunkt zu stellen. Man kann uns in dieser Argumentation folgen – oder auch nicht. Entscheidend ist es nach unserer Einschätzung nicht so sehr, irgendwelche Begriffe möglichst exakt zu definieren, sondern sich die großen Zusammenhänge und Implikationen in der Weiterentwicklung und Transformation der Marke bewusst zu machen und daraus die richtigen Konsequenzen für die eigene Markenführung und das Brand Management zu ziehen.

Der neue Stellenwert des Brand Profiles

Im klassischen Verständnis der Markenarbeit sind Überlegungen und Vorgaben zur Markenführung in erster Linie Aufgabe eines Brand Profile, in dem Kernaussagen zur Brand Identity festgeschrieben werden: Mission, Vision, Markenwerte und Markenpositionierung. Diese Punkte sind nach wie vor von Relevanz, doch stehen sie infolge der technologisch indizierten Veränderungen der Markenkommunikation hier und heute in einem veränderten Kontext und haben eine neue Relevanz. Wo liegen die Unterschiede zu früher? In den alten Zeiten dienten die einzelnen Komponenten eines Brand Profiles vor allem dazu, die operativ tätigen Brand Operators eine Art von Innen-Image ihrer Marke zu verdeutlichen und den Designern, die mit der Entwicklung eines Corporate Designs oder einer Kommunikationskampagne beauftragt wurden, eine Vorstellung von Identität, Image und Botschaften der betreffenden Marke zu vermitteln.

Inzwischen ist das Brand Profile und seine Komponenten demgegenüber vor allem ein Instrument der strategischen Markenführung und der mittelfristigen Markenentwicklung, die eng mit der Unternehmensstrategie verzahnt sind. Einfach gesagt: Was früher dem Briefing operativer Teilbereiche diente, betrifft heute die strategische Marken- und Unternehmensentwicklung. Im Begriff Brand Governance – jedenfalls so, wie wir ihn sehen und interpretieren – kommt das auf den Punkt: Jede Marke braucht gültige und verbindliche Vorgaben, und die müssen nach Lage der Dinge aus der Führungsebene kommen, die bestimmte Markenziele formuliert, vorgibt und kontrolliert.

3.1.2 Das Modell Brand Orientation

Unter Brand Orientation wird die Ausrichtung der gesamten Organisation eines Unternehmens an den Anforderungen einer Unternehmensmarke oder einer Markenfamilie verstanden. Da sich die Marke zum entscheidenden Werttreiber des Unternehmens entwickelt hat, liegt eine derartige organisatorische Konstruktion im Grunde auf der Hand. Eine erste Konsequenz aus diesem Modell ist ein Brand Management, das in der Organisation des Unternehmens fest verankert ist und sich sowohl mit der Umsetzung der strategischen Markenführung als auch operativen Aspekten wie Branding und Marketing sowie neuerdings primär mit Content Management bzw. Content Supply Management befasst. Im Zuge der vierten industriellen Revolution – Maschinen und Softwareanwendungen aus der physischen und virtuellen Welt, die intensiv miteinander vernetzt sind und so Produkte und Leistungen realisieren können, die den individuellen Anforderungen und Wünschen der Kunden entsprechen – wird sich der Trend in Richtung Brand Orientation noch verstärken: Die Marke organisiert die Kommunikation in Richtung der Stakeholder, nimmt deren Rückmeldungen entgegen und reichert so den markenrelevanten Content weiter an: Die Produktion und Bereitstellung von zunehmend individualisierten Gütern und Dienstleistungen könnte in absehbarer Zukunft zum entscheidenden Touchpoint einer zu Ende gedachten Markenkommunikation werden.

3.1.2.1 Brand Orientation und Brand Management

Der Begriff „Brand Orientation" wurde in den 1990er Jahren geboren, spukt seitdem durch alle möglichen akademischen Debatten, ist in der Unternehmenspraxis aber erst mit der Neubewertung der Marke und ihrer Kommunikation auf die Agenda gerückt. Die aktuelle Definition des Begriffs stammt von Mats Urde und lautet: „Brand orientation is a strategic platform whereby a company deliberately and actively strives to manage the processes that give its brand value and meaning (Urde 1999, S. 122)."

Johann Gromark und Frans Melin, die sich seit über 20 Jahren mit dem Modell Brand Orientation befassen und schon früh darauf hingewiesen hatten, dass ein markenorientiertes Unternehmen sehr viel höhere Gewinne als eine konventionell organisierte Firma erwirtschaften kann, beschrieben im Jahr 2011 Brand Orientation mit den folgenden Worten:

> Brand orientation is a deliberate approach to brand building where brand equity is created through interaction between internal and external stakeholders. This approach is characterized by brands being the hub around

> which the organization's processes revolve, an approach in which brand management is perceived as a core competence and where brand building is intimately associated with business development and financial performance (S. 397).

Die Marke steht in diesem Modell also im Zentrum der Unternehmensorganisation, und das Brand Management fungiert in dieser Struktur als Competence Center. Es ist mit der Umsetzung der Vorgaben der Brand Governance, aber auch mit strategischer und operativer Markenführung, Markenidentität, Markenentwicklung und Markenkommunikation via klassische und neue Medien befasst. Damit nicht genug: Das Brand Management muss sich auch mit den Auswirkungen der Marke auf die geschäftliche Entwicklung und die finanzielle Leistungsfähigkeit des Unternehmens auseinandersetzen.

3.1.2.2 Brand Orientation und Unternehmenskultur

Natürlich ist die Vielzahl dieser Managementaufgaben nicht aus dem Stand heraus zu bewältigen, sondern erst nach einem längeren Prozess der Analyse, Implementierung und Stabilisierung von Strukturen und Prozesse realisierbar. Andererseits macht dieses breite Spektrum an Anforderungen klar, dass die Ansprüche an das Brand Management inzwischen außerordentlich komplex und hoch sind – und in Zukunft aller Voraussicht nach weiter ansteigen werden.

Wie immer ein Unternehmen das konkrete Anforderungsprofil an sein Brand Management im Endeffekt formulieren, planen und realisieren wird: Brand Orientation als ein quasi übergeordnetes Modell der Unternehmensorganisation steht für eine längst überfällige Antwort auf die neuen Funktionen der Marke und ihrer Kommunikation, der ihrerseits eine Folge der digitalen Transformation sind. Generell zielt diese Modellkonstruktion darauf ab, die Organisation des betreffenden Unternehmens durch die zentrale inhärente Kraft der Brand Orientation zu leiten. Sie wirkt sich also (vom Brand Management einmal abgesehen) eher implizit als explizit auf die Mitarbeitenden aus, macht die Marke zum zentralen Bestandteil der Unternehmenskultur, bildet die Grundlage für eine Vielzahl von strategischen und operativen Entscheidungen und kommt idealerweise in nahezu allen Aktivitäten des Unternehmens zur Geltung. Brand Orientation hat darüber hinaus auch zur Konsequenz, dass relevantes Markenwissen (Markenwerte, Markenstrategie, Corporate Design, Kommunikations-Frameworks etc.) und der dazugehörige Content (Texte, Bilder, Videos etc.) jederzeit und möglichst komfortabel für alle Mitarbeiter – gemäß Ihren Funktionen und Positionen im Wertschöpfungsprozess – präsent und zugänglich sein sollten, damit sie zum Wohl ihres Unternehmens im Sinne der Marke planen, agieren und kommunizieren können.

3.1.2.3 Brand Orientation und Unternehmensentwicklung

In den empirischen Studien, die Gromark und Melin zum Thema Brand Orientation durchgeführt haben, finden sich zahlreiche Belege dafür, dass sich der Aufwand für die Befähigung der Mitarbeitenden zu einer markenorientierten Ausrichtung ihres Denkens und Handelns für die jeweiligen Unternehmen nicht nur kulturell, sondern auch finanziell auszahlt (Gromark und Melin 2011). Der betriebswirtschaftliche Beitrag der Marke zur Wertschöpfung und damit letztlich auch zum Unternehmenswert ist in den letzten Jahren nochmals gewachsen – mit weitreichenden Folgen für die Unternehmen und ihre Organisation. In den Fachdiskussionen zum Thema Brand Value und Brand Equity werden Spezialisten wie Wissenschaftler, Wirtschaftsprüfer oder Unternehmensberater nicht müde, immer wieder die Bedeutung der Marke und ihres Beitrags zum Unternehmenswert herauszustellen. Fazit: Die Marke ist ein echtes Asset geworden, das in den Bilanzen einer wachsenden Zahl von Unternehmen den entscheidenden Ausschlag gibt.

3.2 Marke beginnt innen: Die Organisation des Brand Managements über Change Management sicherstellen

Die Neubewertung und die hieraus resultierende Neuausrichtung der Marke sowie die (Neu-) Organisation ihres Managements sind Ausgangspunkte für umfassende Veränderungsprozesse im Unternehmen, die in der Terminologie der klassischen Managementtheorie mit dem Begriff „Change" bezeichnet werden. Dieser Change-Prozess ist eine auf den ersten Blick temporäre, unter den heutigen Bedingungen allerdings eher permanente Aufgabe, die ihrerseits adäquat gemanagt werden muss. Was sollte hierbei beachtet werden? Entscheidend ist nach unserer Einschätzung, dass man sich beim Management von Change-Prozessen nicht darauf beschränkt, für das Unternehmen neue Strukturen und Prozesse zu definieren und zu implementieren – woran selbstverständlich kein Weg vorbei führt. Aber: Ebenso wichtig ist es, die Brand Operators und eine möglichst große Zahl von Mitarbeitern des betreffenden Unternehmens – idealerweise alle – in den Change einzubinden und ihnen so zu einem neuen Verständnis der Marke zu verhelfen. Ein Change-Prozess mit dem Ziel der Organisation des Brand Managements im Unternehmen nach Maßgabe von Brand Orientation erfordert zwingend die Einbindung und Motivation der Beschäftigten von einem möglichst frühen Zeitpunkt an. Und das ist auch und gerade die Aufgabe der unternehmensinternen Kommunikation. Change-Kommunikation muss geplant, budgetiert und effektiv umgesetzt werden. Das ist mit einem beträchtlichen Aufwand verbunden – doch dieser Aufwand zahlt sich aus. Denn alle weitergehende Maßnahmen im Change-Prozess funktionieren nur so gut und wirksam, wie die davon direkt und indirekt betroffenen Mitarbeitenden mitziehen. Wenn sie die anstehenden Veränderungen ablehnen oder ihnen auch nur gleichgültig gegenüberstehen, wird weder die Neuorientierung der Marke noch die Organisation des Brand Managements gelingen.

3.2.1 Zur Methodik von Change Management

Change Management ist kein neuer Ansatz – die amerikanische Betriebssoziologie kennt ihn seit rund 100 Jahren. Der Schwerpunkt lag von Anfang an auf der Organisationsentwicklung. Pioniere dieser soziologischen Schule waren Elton Mayo, Kurt Lewin und John Kotter. Ihre Studien zeigten, dass ein direktes und persönliches Einwirken auf Mitarbeitende (z. B. durch Vorgesetzte oder beauftragte Forscher) einen stärkeren Effekt auf deren Leistungsfähigkeit und Motivation ausübt als die bloße organisatorische Änderung von Arbeitsbedingungen. Kurz gesagt: Persönliche Kommunikation ist in diesem Zusammenhang die Voraussetzung für eine effektive Organisation. Zu wirklich tragfähigen Lösungen kommt man nur, wenn man beides macht: Neu organisieren und darüber so zu reden, dass sich die Mitarbeitenden tatsächlich angesprochen und ernst genommen fühlen.

Ein weiteres Ergebnis der betriebssoziologischen Untersuchungen zum Thema Change Management waren die Phasenmodelle, in denen die Etappen im Change Prozess beschrieben werden. Das bekannteste Modell stammt von Kotter, und es ist nach unserer Einschätzung für einen aktuellen Change mit Blick auf die Marke und das Brand Management nach wie vor relevant:

- Gefühl der Dringlichkeit eines Change vermitteln
- Führungskoalition mit Change Agents aufbauen
- Vision und Strategie entwickeln
- Vision des Veränderungsvorhabens kommunizieren
- Hindernisse aus dem Weg räumen
- Kurzfristige Erfolge (Quick wins) sichtbar machen
- Veränderung weiter antreiben und nicht nachlassen
- Erreichte Veränderungen in der Unternehmenskultur verankern

Auch über die Träger des Change Prozesses machten sich die Pioniere der Betriebssoziologie Gedanken: Es sind die sogenannten Change Agents, die den laufenden Prozess unterstützen sollen. Ursprünglich wurden sie aus der Unternehmensleitung rekrutiert, für ihre speziellen

Aufgaben geschult und auf Gebieten wie Konfliktmanagement, Projektmanagement, Coaching oder Kommunikationstechniken unterwiesen. Heute wird diese Rolle häufig von externen Beratern übernommen, die auf solche Tätigkeiten spezialisiert sind.

In den Jahren vor der Millenniumswende hat das betriebssoziologische Konzept von Change Management zwar an Einfluss verloren (was mit der zunehmenden Dynamisierung von Geschäftsprozessen zusammenhängt, die praktisch eine Art von permanentem Change erfordern), doch die Begriffe Change und Change Management erlebten danach eine Renaissance. Grund dafür waren die wachsende Zahl an Unternehmensfusionen (Merger & Acquisition) sowie das Vorbild und die Prozesse in der Softwareentwicklung, die momentan ja großen Einfluss auf die Managementtheorie und -praxis ausüben. In diesem Fall geht es darum, die Entwicklung von Prototypen bzw. Produkten so effizient und risikoarm wie möglich durchzuführen. Dieses Modell, das auf standardisierten Methoden und Verfahren zur Durchführung von Veränderungen basiert, kommt der zeitgemäßen Idealvorstellung eines effizienten Change-Prozesses offenbar sehr entgegen.

3.2.2 Den Change managen und kommunizieren

Ein Change Process zur Organisation des Brand Managements im Unternehmen mit dem Ziel einer möglichst konsequenten Ausrichtung auf Brand Orientation erfordert zwingend die Einbindung und Motivation der Beschäftigten von Anfang an. Das hat zunächst einmal eine subjektive und eine objektive Bedeutung: Die Mitarbeitenden des betreffenden Unternehmens müssen subjektiv verstehen, wie wichtig die Marke für den Erfolg des Unternehmens und ihre eigene Zukunft ist. Objektiv muss das Unternehmen so organisiert werden, dass eine wirksame Markenführung und Markenarbeit im Zeitalter des Digital Branding mit dem Ziel einer starken Marke realisiert werden kann.

Starke Marken benötigen eine ebenso solide wie flexible Organisation. Auch wenn es im ersten Moment ausgesprochen banal klingt: Jede gute Markenführung beginnt Innen – in der Organisation des betreffenden Unternehmens. Realistisch betrachtet, ist das ein klarer Bruch mit der Tradition der letzten Jahrzehnte. Denn früher wurde die Markenführung in aller Regel den Werbeagenturen, Designagenturen oder Markenberatern überlassen. Doch dieses Schema hat sich überlebt. Brand Orientation bedeutet nicht zuletzt, die Organisation der Marke und ihres Managements gewissermaßen heimzuholen und im Unternehmen zu verwurzeln.

Wie aber organisiert man eine Marke, ihre Kommunikation und ihr Management so, dass sie die ihre erstrangige Funktion als Wertreiber des betreffenden Unternehmens wirkungsvoll erfüllen kann? Die über viele Jahre hinweg übliche Antwort auf diese Frage nahm bis vor einige Jahre von vornherein und gleichsam automatisch einen Standpunkt aus der Außenperspektive des Unternehmens ein – den unter Marketing-Experten und Betriebswirtschaftlern berühmten Market-Based-View MBV. Aus diesem Blickwinkel geht es vor allem um Aktivitäten wie die Umsetzung eines gefälligen Markenauftritts („wir brauchen ein starkes Logo"), eine aufmerksamkeitsstarke Werbekampagne („so liegen wir klar im Trend") oder passende Promotion Aktivitäten („wir müssen dringend die Preise senken"). Das alles ist nicht mehr zeitgemäß: Die Epoche der oberflächlichen, marketingorientierten Markenkommunikation ist unwiederbringlich vorbei. Um eine Marke unter den heutigen Verhältnissen vernünftig führen und nutzen zu können, muss sie umfassend und ganzheitlich gemanagt werden. Denn nur so kann das spezifische Leistungsangebot des Unternehmens mit Blick auf die unterschiedlichen Stakeholder-Interessen und Kundeneinstellungen gezielt kommuniziert werden und die Marke infolge dessen das Unternehmen und sein Wachstum beflügeln. Die logische Konsequenz hieraus lautet: Das Brand Management muss in die interne Organisation des betreffenden Unternehmens in einer Weise eingebettet werden, aufgrund derer die Potenziale der Marke und ihrer Kommunikation für die Wettbewerbsposition, das Wachstum und die Wertsteigerung des betreffenden Unternehmens so gut wie möglich genutzt werden können.

Eine erste und vordringliche Aufgabe besteht demnach darin, die organisatorischen Grundlagen für ein effizientes Brand Management zu legen. Das beginnt bei den Managern und Mitarbeitenden der Marke – den Brand Operators –, die über die Jahre hinweg in ihren organisatorischen Silos eingesperrt waren und sich von hier aus mit Branding,

Werbung und Marketing befassen mussten. Für diese Personengruppe ist ein zentral in der Unternehmensorganisation angesiedeltes, ganzheitliches Brand Management, das strategisch wie operativ arbeitet und sich dabei am Brand Value resp. Brand Equity orientiert, in praktisch jeder Hinsicht Neuland. Der Wechsel in diese neue Welt muss unterstützt und seinerseits gemanagt werden. So gesehen, ist *Enabling* mit Blick auf die Organisation und Prozesse des Brand Managements über weite Strecken Change Management.

Die Bedeutung des Change Prozesses und seines Managements wie auch die Notwendigkeit der hiermit einhergehenden Change Communication sowie der Aufwand für die hiermit verbundenen Informations-, Schulungs- und Coaching-Aktivitäten werden von den Unternehmen so gut wie immer unterschätzt. Das kann sich schnell negativ auf die Organisationsqualität, die Funktionsfähigkeit und die Effizienz des Brand Managements auswirken – von der Motivation der Beschäftigten ganz zu schweigen. Wer hingegen den Change von Anfang an professionell plant und umsetzt, wird sich später eine Menge Friktionen, Leerlauf und Kosten ersparen können.

Es gibt, wie wir gezeigt haben, viele gute Gründe, ein Brand Management so effizient und ganzheitlich wie möglich zu organisieren. Und alles spricht dafür, diese guten Gründe intern an die betroffenen Führungskräfte und Mitarbeitenden zu kommunizieren. Die zahlreichen neuen Optionen und Instrumente, die den Brand Operators die Arbeit erleichtern und ihren Output qualitativ und quantitativ verbessern, ist die denkbar beste Investition in die Zukunft der Marke: Motivierte, engagierte und kreative Brand Operators unter dem Dach eines gemeinsamen Brand Managements entscheiden mit an erster Stelle über den Erfolg der Marke und damit auch die Wachstumsperspektiven des betreffenden Unternehmens.

3.2.3 Planungsphase Change Prozess

Angesichts der hohen Komplexität der Aufgaben des Brand Managements ist eine detaillierte und weitsichtige Planung des Change Prozesses unverzichtbar. Diese Planung ist das Fundament zur Hebung von

Effizienzpotenzialen und trägt über den Weg der Bestandsaufnahme und Bedarfsermittlung maßgeblich zu einer maßgeschneiderten Organisation des Brand Managements bei.

In der Praxis ist allerdings die Organisation eines Brand Managements zumeist mit einer weiteren großen Aufgabe verbunden: Der Neueinführung oder dem Relaunch einer Marke. Diese Neueinführung erfolgt zumeist aufgrund eines Mergers. Der Relaunch betrifft in der Regel die wie auch immer geartete Neupositionierung der Marke und ein auf dieser Basis überarbeitetes Corporate Design, das möglichst schnell umgesetzt werden muss (Roll out). Rein logisch ist dieser Zusammenhang nicht zwingend – auch ohne derartige Veränderungen aufseiten der Marke gibt es für ein Unternehmen viele gute Gründe, sein Brand Management effektiver und effizienter zu organisieren. Trotzdem werden diese beiden Prozesse von den Unternehmen in der Praxis zumeist parallel in Angriff genommen, was direkte Auswirkungen auf Planung, Umsetzung wie auch die Change Communication hat.

Wie immer sich die spezifische Ausgangslage darstellen mag: Zunächst einmal muss mit Blick auf das Brand Management grundsätzlich geklärt werden, wo, wie, wann und zu wem die markenrelevanten Informationen innerhalb des Unternehmens fließen. Danach sollten die bereits vorhandenen Instrumente bzw. Software-Anwendungen betrachtet werden, die zur Erleichterung der Markenarbeit genutzt werden. Im Anschluss hieran ist es sinnvoll, über Optimierungsmöglichkeiten nachzudenken. Die Planung zur Organisation eines effizienten Brand Managements kann im Endeffekt nur dann zu den gewünschten Resultaten führen – strategisch und operational effizientes Brand Management, konsistente Brand Identity, eine starke und nachhaltige Brand Experience aufseiten der Adressaten –, wenn bereits möglichst früh im Vorfeld Transparenz und Prozesssicherheit sichergestellt werden.

Für die Planung des Change-Pozesses mit dem Ziel einer effizienten Organisation des Brand Managements sollte ein Team zusammengestellt werden, das diesen Prozess versteht, trägt und vorantreibt. Wer ist als Mitglied im *Change Planning-Team* geeignet? Manager und Mitarbeitende, die mit dem Unternehmen und seiner Marke bzw. seinem Markenportfolio praktisch vertraut sind und die neben dem nötigen professionellen Wissen in Sachen Branding und Marketing auch über tiefer gehende Kenntnisse der organisatorischen und vor allem auch der informellen Strukturen des Unternehmens verfügen. So gesehen wäre es unklug, mit dem Change Planning ausschließlich Managern und Mitarbeitende zu betrauen, die frisch von der Hochschule kommen, oder diesen Prozess gleich ganz outzusourcen. Die richtige Mischung aus Seniorität und aktuellem Management- und IT-Know-how ist in diesem Fall die beste Lösung. Eine weitere Frage ist, ob externe Berater in das Planungsteam eingeladen werden sollen. Da wir als Berater in Change Planning-Teams tätig waren, sind wir in diesem Punkt zugegeben Partei. Es gibt aber gute Argumente, die für eine Einbeziehung externer Experten sprechen. Einer dieser Gründe ist die Tatsache, dass eine (Neu-)Organisation des Brand Managements auch in großen Unternehmen nicht alltäglich ist und nicht zur Routine gehören. Schon deshalb ist es hilfreich, mit externen Spezialisten zu kooperieren, die sich mit derartigen Prozessen und ihren Stolpersteinen auskennen und wissen, wie man am schnellsten und besten vorankommt.

Normalerweise wird also ein Change Planning-Team gebildet, das sich aus internen und externen Experten zusammensetzt. Diese Gruppe wird sich, je nach Aufwand, Umfang und Unternehmensgröße, beispielsweise in ein *Kernteam,* eine *Projektleitung,* einen *Lenkungsausschuss* und die *Arbeitsgruppenleiter* untergliedern. Der Kick-off erfolgt im Rahmen eines Workshops. Sein Ziel ist es, die Grundlagen für eine erste *Grobplanung* zu erstellen: Wie gehen wir vor? Wo setzen wir an? Welche Ziele wollen und müssen wir bis zu welchem Zeitpunkt erreichen? Im Zuge dieser ersten Bestandsaufnahme und Bedarfsermittlung werden die unternehmensspezifischen Markenprozesse zunächst einmal grob umrissen, die bereits bekannten Schnittstellen benannt und die wichtigsten Touchpoints der externen wie internen Markenkommunikation ermittelt. Voraussetzung dafür ist die Identifizierung und Definition der Stakeholder der Marke und der für sie relevanten kommunikativen Touchpoints. Auf dieser Grundlage kann dann der weitere Ablauf der anstehenden Organisationsentwicklung skizziert und festgelegt werden.

Eine zentrale Aufgabe des Change Planning-Teams ist die Analyse der einzelnen Markenprozesse des Unternehmens. Praktisch geht es darum, Prozess-Audits durchzuführen, aus denen sich grundlegende Informationen über Zuständigkeiten, Verfahrensabläufe und

Arbeitsinstrumente herauslesen lassen. Hierzu werden Manager und Mitarbeitende aus Branding, Werbung, Marketing und der Leitungsebene interviewt. Für die Befragungen dieser Brand Operators werden idealerweise standardisierte elektronische Fragebögen verwendet, die eine rasche systematische Auswertung der Ergebnisse ermöglichen. So lassen sich wesentliche Punkte wie z. B. Zeitaufwände, Kosten und Qualitätssicherungsmaßnahmen klären. Sobald alle relevanten Informationen erfasst und bewertet worden sind, gehen die Planung und Optimierung der Arbeitsprozesse für die Marke und ihre Kommunikation in die nächste Phase: Die Basis ist gelegt, und das Change Planning-Team kann sich mit der *Feinplanung* zur zukünftigen Organisation und dem Workflow des Brand Managements, dem dazugehörigen Datenmanagement und der hierfür benötigten IT befassen. Hierzu werden die Aktivitäten, Milestones, Risiken sowie das Budget für das weitere Vorgehen festgelegt und abgestimmt sowie die dazugehörigen Rollen und Verantwortlichkeiten beschrieben.

3.2.4 Umsetzungsphase Change Prozess

Die Umsetzung der Organisation des Brand Managements kann beginnen, sobald die Ergebnisse der Feinplanung in einen detaillierten Projektplan überführt worden sind. Parallel hierzu sollte die *Change Communication* (die wir im folgenden Abschnitt beschreiben werden) anlaufen. Nach unserer Erfahrung sind das die wesentlichen Voraussetzungen dafür, dass die (Neu-)Organisation des Brand Managements in der heute erforderlichen Qualität und Geschwindigkeit erfolgen kann. Ähnlich wie bei der Planung stellt sich auch bei der Umsetzung die Frage, ob das Unternehmen auf externe Berater zurückgreifen sollte. Wir halten das auch in dieser Phase für angebracht. Unternehmen, Marke und Brand Management können von den Erfahrungen und dem Wissen geeigneter Spezialisten im Zuge der Umsetzung profitieren. Da Branding-Know-how und Management-Kompetenz in einem effizienten Brand Management auf vielfältige Art und Weise miteinander verwoben sind, ist es Aufgabe der externen Advisors, auf beiden Gebieten gewissermaßen aus einer Hand zu beraten und einen interdisziplinären

Arbeitsansatz zu praktizieren. Ein einzelner Berater wäre mit dieser Aufgabe offenkundig überfordert. Benötigt wird also ein Beraterteam aus Management-, Branding-, Marketing- und IT-Spezialisten, das über die nötige Praxis verfügt und gut eingespielt ist.

Die Umsetzung der Organisation eines Brand Managements fällt von Unternehmen zu Unternehmen und von Marke zu Marke unterschiedlich aus. Zwar gibt es einheitliche und grundlegende Methoden und Instrumente, doch die Prioritäten und Lösungen weichen stark voneinander ab. Benötigt wird beides: Ein gesunder Pragmatismus und eine robuste Systematik, die sicherstellt, dass man die Anforderungen an ein effektives und effizientes Brand Management niemals aus den Augen verliert. Von einer eher pragmatischen Perspektive her gesehen geht es also vor allem darum, die Marke mithilfe des Brand Managements möglichst schnell und umfassend zum Leben zu erwecken und zu implementieren. Die entscheidenden Ansatzpunkte hierbei liegen bei den mit Branding, Werbung und Marketing befassten Managern und Mitarbeitenden – Brand Operators – auf der einen Seite sowie der Organisationsstruktur eines zeitgemäßen Brand Managements auf der anderen Seite. Die Frage ist, wie man diese beiden Seiten – also Akteure und Struktur – passend aufeinander einstellt. Ein gut geplanter Change Prozess ermöglicht es, einen Großteil der Arbeitsprozesse im Branding und Marketing Schritt für Schritt in ein neues *Brand Management System* – eine elektronische, zentral administrierte und kollaborative Arbeitsplattform – zu überführen und dieses nach und nach zu optimieren und zu automatisieren. Damit aber verändert sich auch der Status der Anwender: Da das System ihnen Arbeit abnimmt, eine Reihe von Self-Services bietet und idealerweise eine wirksame Markenkommunikation auf der Grundlage einer konsistenten Brand Identity an allen Touchpoints gewährleistet, verwandeln sich die Brand Operators parallel zur Umsetzung und weiteren Entwicklung (sowie in Zukunft: Ständiger Optimierung) des Systems in kompetente Anwender. Im Gegensatz zu früher brauchen sie von nun an also keine ausgebildeten Designer, Werbespezialisten oder Marketingexperten zu sein, um ihre Arbeit erfolgreich zu erledigen. Natürlich muss jeder einzelne Anwender genau wissen, was er für die Marke und mit der Marke will und macht. Aber die zeitaufwendige, komplexe und auch wissensintensive

Kleinarbeit, die früher benötigt wurde, um beispielsweise einen Corporate Design-konformen Markenauftritt zu bewerkstelligen, wird nunmehr vom Brand Management System übernommen, das ein Brand Operator zunächst über das *Brand Change Portal* und – nach einem längeren Lernprozess – über die *Brand Management Plattform* bedient. Als praktische Arbeitsgrundlage stellen Systeme wie das Brand Change Portal und die (nicht zwangsläufig, aber sonnvollerweise auf ihm aufbauende) Brand Management Plattform eine qualitativ neue Dimension gegenüber den traditionellen Arbeitsabläufen dar. Denn die Umsetzung der CD-Vorgaben erfolgt jetzt gewissermaßen durch ein paar Klicks, mit denen die Brand Identity der Marke realisiert wird. Und da der Automatisierungsgrad des Brand Management Systems immer weiter fortschreitet, ist es inzwischen möglich, praktisch alle wichtigen Arbeitsprozesse rund um Branding und Marketing auf der Brand Management Plattform zusammenzuführen sowie ihre Instrumente miteinander nach Bedarf zu vernetzen und so Operational Excellence zu ermöglichen.

Die stimmige Planung und erfolgreiche Organisation eines Brand Management Systems bauen zu einem großen Teil auf den Interviews und Process Audits auf, die in der vorab geschilderten Planungsphase durchgeführt wurden. Entscheidend für eine gute organisatorische Lösung ist es, die Leistungen und Möglichkeiten des Brand Management Systems – also der hier präsenten und vernetzten Anwendungen – so anwenderfreundlich und komfortabel wie nur möglich auf der *Brand Management Plattform* darzustellen. Jeder Brand Operator muss in die Lage versetzt werden, seine Arbeit so einzurichten, dass er mit einer Mischung aus gesundem Menschenverstand, Intuition und Spontaneität seinen Aufgaben erfolgreich nachkommen kann.

3.2.5 Stabilisierungsphase Change Prozess

Es wäre weltfremd, sich den Übergang in ein neu organisiertes Brand Management und einem zwangsläufig komplexen *Brand Management System* ungeachtet seiner anwenderfreundlichen Benutzeroberfläche in Form der *Brand Management Plattform* als einen reibungslosen Prozess vorzustellen. Jeder, der einmal die Einführung eines neuen Management- und/oder IT-Systems in einem Unternehmen miterlebt hat, kann ein Lied davon singen. Der Roll-out muss eben nicht nur technisch, sondern vor allem auch mit Blick auf die personellen Anforderungen sowie die Bedienbarkeit hin vorbereitet werden. Das betrifft u. a. die Definition von Rechten und Rollen, vor allem aber den Ablauf und die Handhabung der einzelnen Arbeitsprozesse. Der entscheidende Punkt ist, wie die Anwender das neue Angebot annehmen und wie bereitwillig sie mit ihm arbeiten. Natürlich hat das auch etwas mit der Konzeption und der Anwenderfreundlichkeit der Brand Management Plattform zu tun: Sie sollte sich von Anfang an so komfortabel und intuitiv wie nur möglich bedienen lassen. Aber selbst wenn alle Vorbedingungen optimal erfüllt sein sollten, benötigen die Anwender eine gewisse Zeit, um sich auf die veränderten Prozesse einzustellen und sich in ihrem Arbeitsalltag an die neue Arbeitsweise zu gewöhnen, die neuen Angebote auszuprobieren und sie mit der Zeit schätzen zu lernen.

Daher empfiehlt es sich, bei der Einführung und Anpassung der einzelnen Arbeitsprozesse mit Blick auf die Brand Management Plattform von vornherein eine angemessene Startphase einzuplanen und Prozesse (Workflows) und Instrumente (IT-Anwendungen) schrittweise einzuführen. Aus diesem Grund macht es auch Sinn, zunächst ein *Brand Change Portal* aufzusetzen, das die Brand Operators auf die Welt ihres neu organisierten Brand Managements und seines Systems gezielt und behutsam vorbereitet. In dieser Anfangsphase kann man gut zweigleisig fahren. Es gibt eine Reihe von *Quick Wins,* die den Anwendern den Nutzen des neuen Systems unmittelbar demonstrieren. Allerdings müssen über solche demonstrativen Quick Wins hinaus auch arbeitsintensive Anwendungen erlernt werden, was eine gezielte Information und Schulung einzelner Benutzergruppen erforderlich macht. Die Erfahrungen, die bei solchen Schulungen gesammelt werden können, sind nicht nur für die User, sondern auch die Coaches sowie die IT-Entwickler wertvoll. Denn sie zeigen, wo in der Praxis die Probleme der einzelnen Apps liegen. Durch die Rückmeldung solcher Erkenntnisse in das *Change Planning-Team* wird es möglich, entweder das Coaching zu modifizieren, die Einstellung des Systems zu verändern oder die

Bedienung der Instrumente bzw. der Brand Management Plattform zu überarbeiten.

In jedem Fall ist es sinnvoll, vom Brand Change Portal aus einen fließenden Übergang hin zur Brand Management Plattform zu organisieren. Der Vorteil dieser fließenden Lösung ist, dass die Anwenderschulung breiter angelegt und schrittweise durchgeführt werden kann. Ob der damit verbundene Aufwand aber wirklich sinnvoll ist, kann nur von Fall zu Fall entschieden werden. Bei der Organisation eines Brand Managements ist es eher die Regel als die Ausnahme, dass die einzelne Prozesse mehrmals angefasst und nicht selten auch neu modelliert und neu programmiert werden müssen, bis sie endlich wie gewünscht im Brand Management System laufen und auf der Brand Management Plattform nutzerfreundlich dargestellt werden können. Wir denken, dass solche Nachbesserungen trotz sorgfältiger Planung unvermeidlich sind. Daher sollte man eine Stabilisierungsphase mit ausreichender Zeit für Optimierungsoptionen einplanen.

Grundsätzlich empfiehlt es sich, die einzelnen Funktionen des Brand Management Systems wie auch die Brand Management Plattform zunächst mit überschaubaren Benutzergruppen zu testen und daraus für das Coaching, die Bedienbarkeit und die Prozessoptimierung die nötigen Konsequenzen zu ziehen. Erst wenn die Planungs- und Einführungsphase unter diesen Gesichtspunkten wirklich abgeschlossen ist, sollte das große Roll out für alle Brand Operators erfolgen.

3.2.6 Notwendigkeit von Change Communication

Technisch gesehen, läuft die organisatorische Einbettung des Brand Managements in die Struktur eines Unternehmens auf die Installation eines *Brand Management Systems* hinaus, das über eine *Brand Management Plattform* bedient wird. Wie wir schon ausgeführt haben, wäre es indessen ein fataler Irrtum zu glauben, dass es sich hierbei um einen rein technischen Vorgang handeln würde. Entscheidend ist es vielmehr, die Brand Operators – Management wie Mitarbeitende – in den bevorstehenden Change Prozess einzubinden, sie zu informieren, zu motivieren und sich mit ihnen über die Gründe, Folgen und Ziele eines Brand

Managements zu verständigen. Kurz gesagt: Um den Change Prozess erfolgreich absolvieren zu können, benötigt man eine solide geplante und durchgeführte *Change Communication.*

3.2.6.1 Praktische Aspekte Change Communication

Die erste Ansprechgruppe für die Change Communication sind die Manager und Mitarbeitenden des betreffenden Unternehmens, die mit der Marke und für die Marke arbeiten und bisher in ihren Organisations-Silos wie Branding, Werbung, Marketing oder Unternehmensstrategie tätig waren. Wie schon bemerkt, ist der Change in Richtung Organisation des Brand Managements und die Installation der dazugehörigen Brand Management Plattform normalerweise mit einem Relaunch oder der Neueinführung der Marke verbunden. Ist die Marke neu oder verändert sich stark – z. B. ein neuer Markenname – sollte man darüber nachdenken, ob man die normalerweise nach Innen adressierte Change Communication auch nach Außen hin – in Richtung Kunden, Investoren oder andere wichtige Stakeholder – ausweitet.

Unter praktischen Aspekten betrachtet, hat die Change Communication in aller Regel zwei große Themen, die zumindest aus Sicht ihrer unternehmensinternen Adressaten eng miteinander zusammenhängen: Die neue Marke und das neue Brand Management. Die Brand Operators müssen also einerseits „unsere neue Marke" kennenlernen und sich mit ihr identifizieren. Und sie müssen außerdem erkennen, dass ein professionelles Brand Management dieser neuen Marke und ihrer Kommunikation zugute kommt und dazu beiträgt, den Brand Value und damit im Endeffekt auch den Unternehmenswert zu erhöhen. Priorität wird für sie jedoch ein anderer Aspekt haben: Ihre Arbeitsbedingungen werden sich durch das neue Brand Management in praktisch jeder Hinsicht verbessern und ihre Arbeit leichter, interessanter und kreativer werden – vorausgesetzt, sie spielen selbst mit.

Es ist ein alter Irrtum, zu glauben, dass sich derartige Identifikationen und Einsichten sozusagen von selbst ergeben würden. Auch in diesem Fall gilt die Regel: Marken müssen sich den kommunikativen Status, in dem sie wahrgenommen und wieder erkannt, durch den sie begehrt und geliebt werden, erst einmal erarbeiten. Das verhält sich nicht nur extern in Richtung der Kunden so, sondern trifft ebenso intern für Management und Beschäftigte zu. Die Marke ist, wie wir gesehen haben, heute mehr denn je eine strategische Investition in die Ertragskraft und den Wert des Unternehmens. Dieses Kapital gibt es nicht umsonst. Es muss finanziert, gehegt und gepflegt werden. Sobald man dieser Tatsache ins Auge blickt, wird auch klar, dass der Aufwand für eine professionelle Strukturierung des Brand Managements sowie die damit verbundene Change Communication grundsätzlich gerechtfertigt ist. Mehr noch: Es macht Sinn, die Change Communication nicht nur auf die Vermittlung trockener Informationen zu beschränken, sondern sie professionell zu konzipieren – d. h. sie von vorneherein als Informations- und Kommunikationskampagne zu konzipieren, die emotional unterfüttert und zielgenau umgesetzt werden sollte.

3.2.6.2 Umsetzung Change Communication

Ähnlich wie bei der Planung und Umsetzung des Change Prozesses mit dem Ziel der (Neu-)Organisation des Brand Managements innerhalb des Unternehmens wird auch für die Planung, Konzeption und Umsetzung der Change Communication ein Team aus internen und bei Bedarf auch externen Experten benötigt. Das *Change Communication-Team* entwickelt ein Kommunikationskonzept, legt dessen wichtigste Aktivitäten parallel zu den anstehenden organisatorischen Veränderungsschritten fest und definiert die damit verbundenen Themen und Ziele. Zudem werden die hierzu geeigneten Kommunikationskanäle und Medien ermittelt und eingeplant. Eine weitere wichtige Etappe der Change Communication betrifft die Schulung und den Einsatz von Change Agents resp. *Brand Ambassadors,* von denen die ersten Initiativen und Impulse zur Ausgestaltung der neuen bzw. veränderten Markenkultur im Unternehmen ausgehen. Diese Markenbotschafter rekrutieren sich zunächst aus den Bereichen Branding, Werbung und Marketing. Doch sollte man dafür sorgen, die Teams möglichst offen zu halten und Mitglieder unternehmensweit aus allen Abteilungen und

Standorten zu gewinnen. Insbesondere jüngere und online-affine *Digital Natives* sollten zu einem Engagement ermutigt und eingeladen werden.

3.3 Neue Strukturen schaffen: Organisatorische Komponenten des Brand Managements

Die Einrichtung eines Brand Managements läuft gegenwärtig in der Praxis der Unternehmen wie auch anderer markenaffiner Organisationen und Institutionen immer wieder auf ein und dieselbe Aufgabe hinaus: Die für das Brand Management benötigten organisatorischen und informellen Strukturen müssen eingerichtet und entsprechend den Anforderungen der Marke und ihrer Kommunikation weiter entwickelt werden. Da die Kernfunktionen des Brand Managements – also Aspekte wie strategische und operative Markenführung, Branding, Marketing und Content Supply Management – in der klassischen Unternehmensorganisation faktisch in eigenständigen Silos bearbeitet werden, stellt das einen strukturellen wie psychologischen Kraftakt dar. Man kann ihn durch einen radikalen Bruch mit der bisherigen organisatorischen Praxis erreichen – was zumindest für konventionell organisierte Unternehmen in Europa mit einer gewachsenen Unternehmenskultur wohl auf eine Überforderung von Management und Beschäftigten herauslaufen würde. Die Alternative dazu ist ein fließender Übergang, der mithilfe neuer Software-Anwendungen den Workflow über die alten Abteilungsgrenzen hinweg bewerkstelligt. Wie auch immer die Unternehmensleitung diese Aufgabe zu lösen gedenkt: Der Aufbau einer effektiven und effizienten Organisation des Brand Managements muss in den Fokus rücken. Die Frage ist, welchen Umfang diese (Neu-)Organisation hat, aus welchen Komponenten sie sich zusammensetzt und an welchen Punkten man dabei am besten ansetzen kann. In diesem Abschnitt unseres Brand Management-Kapitels versuchen wir, diese Frage zu beantworten. Nach unserer Erfahrung gibt es drei wesentliche Ausgangspunkte auf dem Weg zu einem zeitgemäßen Brand Management: Rollen, Prozesse und Instrumente. Bei den Rollen geht es um die Aufgaben der einzelnen Brand Manager resp. Brand Operators: Sie müssen klar und eindeutig definiert sein, und die damit verbundenen Verantwortlichkeiten müssen festgeschrieben werden. Mit Blick auf die Prozesse des Brand Managements sollten diese zunächst einmal identifiziert und ihr Ablauf beschrieben werden. Auf Grundlage einer solchen Bestandsaufnahme können die Prozesse dann optimiert, standardisiert und – sofern das sinnvoll und möglich ist – automatisiert werden. Der Bereich Instrumente schließlich betrifft die IT-Anwendungen inklusive der Arbeitsoberfläche des Brand Managements, die Brand Management Plattform. Wichtig ist, dass die IT des Brand Managements mit der sonstigen Struktur des Ganzen – also Rollen, Verantwortlichkeiten und Prozesse – abgestimmt wird und harmoniert. „Out oft he box-Lösungen" sind häufig Fehlinvestitionen, da sie nicht den Anforderungen und Notwendigkeiten des Brand Managements entsprechen.

3.3.1 Aufgaben des Brand Managements

Die strategische Führung und operative Umsetzung von Marken und ihrer Kommunikation – Brand Management – ist keine neue Disziplin. Allerdings haben sich der Stellenwert und die Anforderungen an das Brand Management in den letzten Jahren so stark verändert, dass es von Grund auf neu gedacht und dementsprechend neu organisiert werden muss. Das betrifft die strategische Dimension ebenso wie beispielsweise eine Neubewertung des Marketings.

Was Brand Management ist und was es können sollte, ist seit der Millenniumswende in Fachkreisen immer wieder diskutiert, beschrieben und interpretiert worden. Ein Blick in die Fachliteratur zeigt, dass schon vor über 10 Jahren die wachsenden Anforderungen klar waren – auch wenn sich in der Praxis der meisten Unternehmen zunächst nicht viel ändern sollte. Ein Beispiel für eine solche differenzierte und zeitgemäße Sicht auf die Aufgaben des Brand Management ist die Darstellung „Prozess des identitätsorientierten Markenmanagements" von Burmann/Blinda/Nitschke aus dem Jahr 2003.

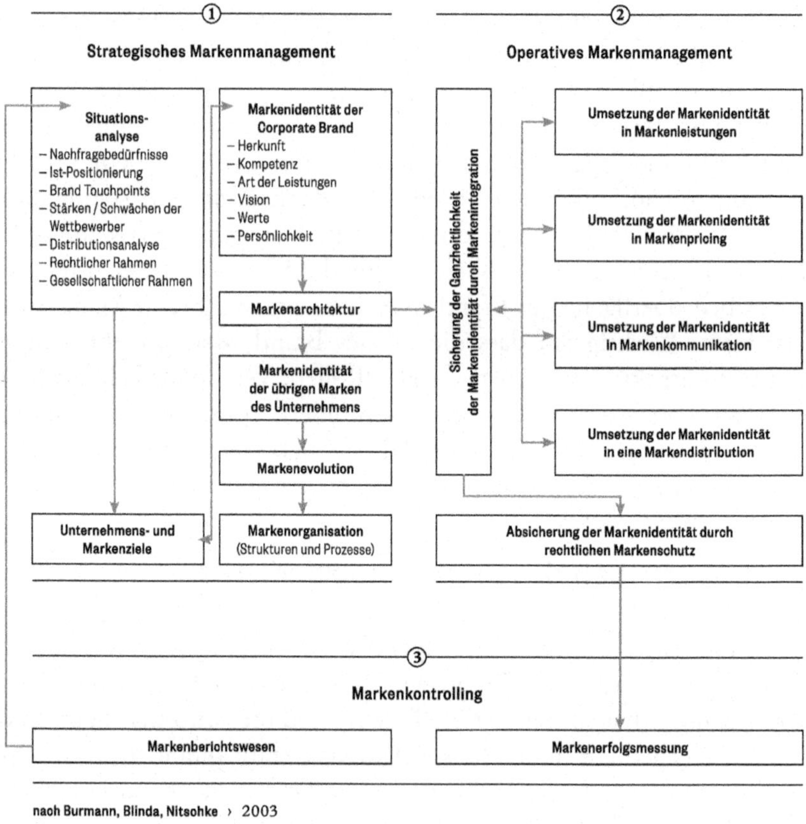

Abb. 3.1 Prozess des identitätsorientierten Markenmanagements. (Burman et al. 2003)

3.3.1.1 Identitätsorientiertes Markenmanagement-Modell von Burmann/Blinda/Nitschke

In Abb. 3.1 wird in Grundzügen ein neues Verständnis von Brand Management deutlich, das der veränderten Situation der Marke, ihrer Kommunikation und ihres Managements geschuldet ist. Dabei sind aus unserer Perspektive drei Punkte besonders bemerkenswert:

1. Brand Management ist nicht nur – wie das vielerorts immer noch gesehen wird – mit operativen Markenprozessen, sondern auch mit

dem strategischen Markenmanagement befasst. Markenstrategie und Markenführung beschränken sich also nicht nur auf allgemeine Vorgaben und Leitsätze im Sinne von Brand Governance, sondern müssen proaktiv umgesetzt und gemanagt werden.
2. Das Brand Management umfasst sowohl Branding (Corporate Identity) als auch Marketing: Die Kernfunktionen des Marketings – also die klassischen 4P, die hier mit den Begriffen Markenleistungen, Markenpricing, Markenkommunikation und Markendistribution bezeichnet werden – werden in das operative Markenmanagement integriert.
3. Das Markencontrolling inklusive dem Markenmonitoring ist gewissermaßen das Fundament des Modells: Wirkung und Kommunikationserfolg der Marke werden gemessen und fließen in die Analyse des strategischen Markenmanagements zurück. Das ist die entscheidende Voraussetzung dafür, die Marke und ihr Management effektiv zu kontrollieren und vor allem: fortlaufend zu optimieren.

Die vielleicht wichtigste Innovation, die dieses Schaubild verdeutlicht, betrifft das Verhältnis von Marke und Marketing: Das über Jahrzehnte hinweg dominierende Marketing wird hier der Marke zugeordnet und in das Brand Management integriert. Eine ähnliche Einschätzung findet sich übrigens auch bei der „Schweizerische Gesellschaft für Marketing" im Jahr 2010 (Henkel et al. 2012), wo es im Papier „Das Behavioral-Branding-Konzept" der Universität St. Gallen heißt: „Im Zuge dieser Entwicklung (der Marken) versteht sich Markenführung nicht länger als Teilfunktion des Marketing, sondern als bereichsübergreifende Aufgabe."

Wie haben sich diese Erkenntnisse und Einsichten auf die Organisation und Praxis des Brand Managements in Unternehmen ausgewirkt? Um es einmal vorsichtig auszudrücken: Offensichtlich gibt es hier einen manifesten Nachholbedarf. Denn in der Realität baut Brand Management auf keinem funktionalen Organisationsschema auf, sondern gleicht eher dem Hüten eines Sacks Flöhe. Dies liegt, wie von uns schon mehrmals angeführt, in erster Linie an den fragmentierten Organisationsstrukturen – den berühmten „Silos". Abteilungen und Bereiche wie Strategie, Sales, Finance, Branding oder Marketing haben zwar alle direkt oder indirekt mit der Marke zu tun, arbeiten aber nicht zusammen, um die Marke zu entwickeln, zu fördern und zu optimieren. Die Folge sind undefinierte Prozesse und Prozessbrüche, nicht eindeutig festgelegte Zuständigkeiten und Verantwortlichkeiten gepaart mit schlechter oder fehlender interner Kommunikation. Das alles lähmt die Organisation und behindert im Endeffekt eine konsistente Brand Identity wie eine effektive Markenkommunikation.

Bleibt die Frage: Wie könnte ein aktualisiertes Modell des Markenmanagements aussehen? Diese Frage ist schon deshalb legitim, weil sich in den zurückliegenden 15 Jahren sowohl die IT/ITC als auch – mit ihr verbunden – das Kommunikationsverhalten der Menschen – Web, Smartphones, Social Media – und mit ihm die Markenkommunikation von Grund auf verändert haben. Wir haben das zum Anlass genommen, ein aktualisiertes Modell auf Basis unserer praktischen Expertisen zu skizzieren.

3.3.1.2 Brand oriented Management-Modell von Misof/ Schwarz/Brandstätter

Welche Veränderungen haben sich seit der Millenniumswende im Hinblick auf die Aufgaben und Organisation des Brand Managements ergeben? Wir haben versucht, diese Frage mit einem eigenen Modell (siehe Abb. 3.2)zu beantworten.

Generell hatten wir bei der Entwicklung unseres Modells sieben übergeordnete Aspekte vor Augen:

- Es gibt keine fest gefügte Hierarchie und auch keine Silos mehr, sondern eine funktionale Vernetzung der einzelnen Arbeitsbereiche. Im Mittelpunkt der Organisation steht ein Chief Branding Officer (siehe Abb. 3.3) – die Marke wird also auf dem C-Level geführt, was u. a. die notwendige Synchronisation von Unternehmensstrategie und Markenstrategie gewährleisten soll. Für die einzelnen Arbeitsfelder übernehmen Heads und die hier tätigen Brand Operators die Verantwortung. Auflösung der Hierarchie heißt also nicht Unverbindlichkeit. Im Gegenteil: Markenführung ist eine partnerschaftliche

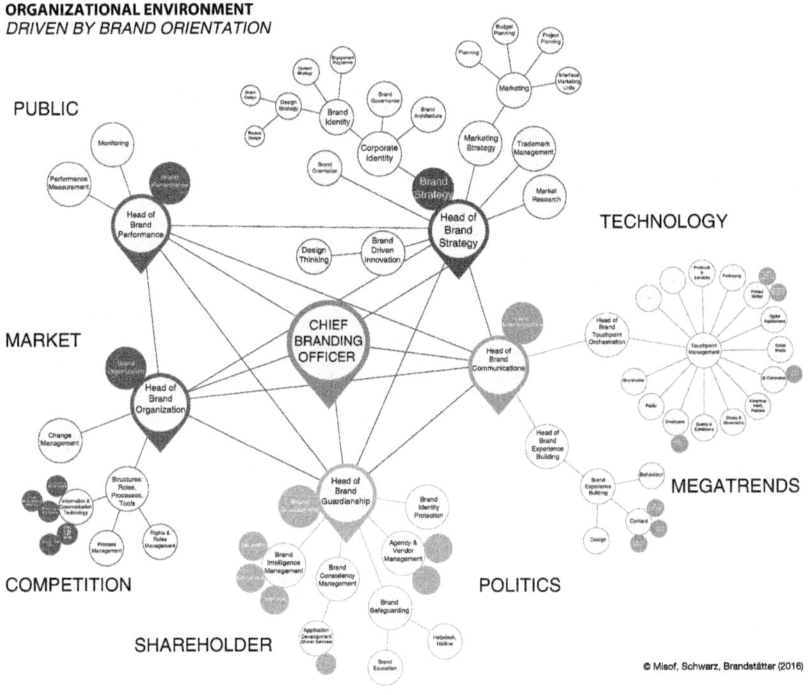

Abb. 3.2 Brand Oriented Management Modell. (Misof et al. 2016)

Aufgabe. Gerade auch innerhalb der einzelnen Arbeitsfelder des Brand Managements müssen die Rolle und Verantwortlichkeit jedes einzelnen Mitarbeitenden klar definiert sein, um effiziente Markenprozesse innerhalb des Unternehmens und in Richtung der Stakeholder zu ermöglichen.

- Vernetzung impliziert, dass die einzelnen Arbeitsbereiche und Arbeitsfelder in einem geregelten Austausch miteinander stehen. Versteht man die Marke und ihr Management als eine Art Organismus – eine Analogie, die der Realität unserer Einschätzung nach am nächsten kommt – findet zwischen den einzelnen Zellen (d. h. Organisationseinheiten im Sinne teilautonomer Arbeitsbereiche und Arbeitsfelder) so etwas wie eine Osmose statt. Wichtig dabei ist, dass die einzelnen Zellen nicht nur im Rahmen des Brand Managements aufeinander reagieren, sondern einen produktiven Austausch auch

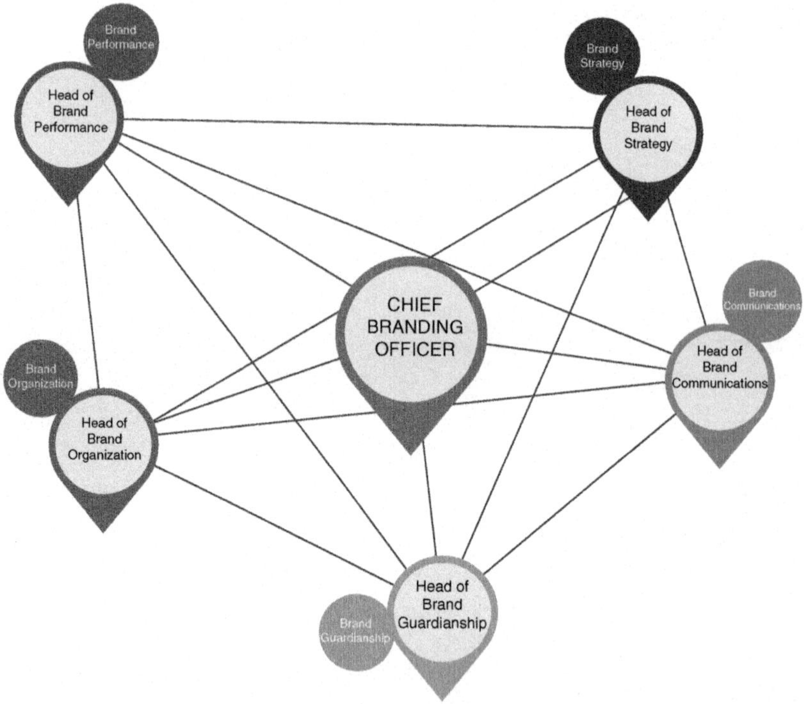

Abb. 3.3 Nukleus: Chief Branding Officer

in Richtung des gesamten Unternehmens und seiner Organisation bewerkstelligen (siehe Abb. 3.4). Mehr noch: Auch die maßgeblichen äußeren Einflüsse für die Marke, ihre Kommunikation und ihre Wirksamkeit müssen verarbeitet werden: Das reicht über die technologische Entwicklung sowie Veränderungen im Markt und bei den Wettbewerbern bis hin zu Megatrends und soziokulturellen Umbrüchen.

- Rolle und Status des Marketings (siehe Abb. 3.5) – das schon von Burmann/Blinda/Nitschke dem Brand Management zugeordnet wurde – verändern sich weiter: Auch das Marketing ist jetzt strategisch ausgerichtet. Marketing wird zum Planning. Die operativen Aktivitäten rund um die 4 P werden nach wie vor wahrgenommen. Aber: Sie stehen jetzt dank einem zeitgemäß organisierten und ausgestatteten Brand Management auf einer soliden strategischen Basis.

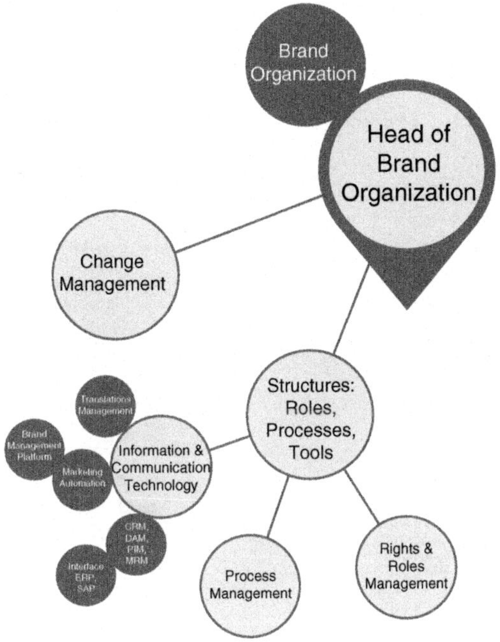

Abb. 3.4 Brand Organization

Die Zeiten eines aktionistischen Marketings, das gewissermaßen aus dem Bauch heraus auf die Veränderungen in den Märkten und bei den Einstellungen der Kunden reagiert, gehören der Vergangenheit an.

- Brand Experience rückt ins Zentrum der Markenkommunikation (siehe Abb. 3.6). Damit wird die Markenkommunikation aus einer veränderten Perspektive heraus neu definiert. Zielgruppen und die konventionelle Mediaplanung treten in den Hintergrund. Ihre Stelle wird von einer an Experience und Touchpoints (inklusive deren Versorgung mit marken- und adressatenspezifischem Content) orientierten Kommunikationsplanung und -praxis eingenommen, die auf einen direkten und individuellen Dialog mit dem einzelnen Kunden zielt.
- Brand Orientation und ein effektives wie effizientes Brand Management erfordern einen neuen Umgang mit der Information and Communication Technology ITC. Das betrifft sowohl Rollen und

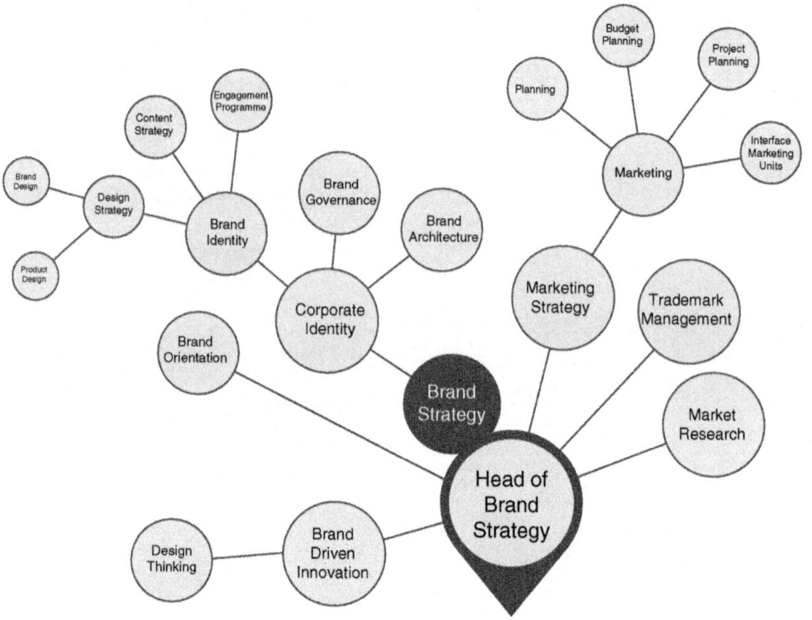

Abb. 3.5 Brand Strategy

Verantwortlichkeiten als auch die Prozesse und Instrumente. Das Brand Management und die Brand Operators müssen zunächst sich selbst und sodann dem restlichen Unternehmen klar machen, welche ITC sie wollen und benötigen. Wird diese Aufgabe allein der Unternehmens-IT überlassen, kommt es zu Lösungen, die nicht funktionieren: Für ein effektives und effizientes Brand Management reicht es nicht aus, eine Sharepoint- oder SAP-Lösung aus dem Hut zu zaubern!

- Angesichts eines hochvolatilen ökonomischen, politischen und soziokulturellen Umfelds gehört die Stabilisierung, Anpassung und Entwicklung einer konsistenten Brand Identity zu den zentralen strategischen Aufgaben des Brand Managements (siehe Abb. 3.7). Brand Guardianship sorgt für eine konsistente und nachhaltige Brand Identity. Zwei Aspekte sind in diesem Zusammenhang von besonderer Relevanz: Brand Guardianship erfordert von den verantwortlichen

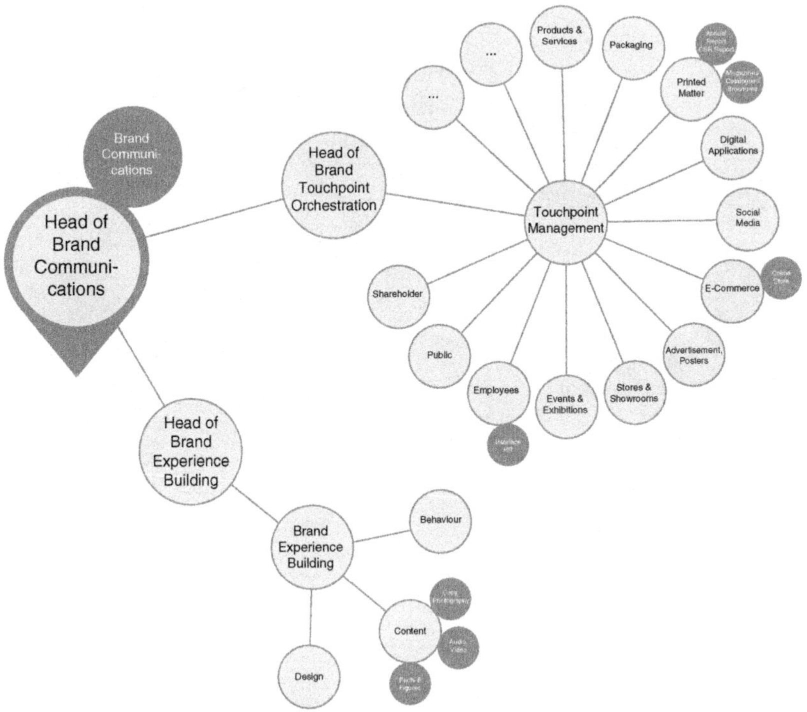

Abb. 3.6 Brand Communications

Akteuren – den damit befassten Brand Operators – eine Kombination von Disziplin und Kreativität. Der Begriff der „structured creativity" ist ein zeitgemäßer Ausdruck dieser Haltung.

- Das systematische und permanente Monitoring der Brand Performance betrifft nicht nur die Ermittlung der Brand Equity – was an sich schon wichtig genug ist (siehe Abb. 3.8). Eine kontinuierliche Messung ist darüber hinaus die Voraussetzung dafür, die laufenden Anpassungen der Marke und ihres Managements rechtzeitig vornehmen zu können. Das geht in der Praxis so weit, dass es Ergebnisse geben kann, die die eigene Organisation infrage stellen. Mit einem Brand Audit, das einmal im Jahr durchgeführt wird, kann man ein solches Frühwarnsystem nicht etablieren. Wenn man jedoch eine funktionierende Brand Guardianship etablieren und damit für die

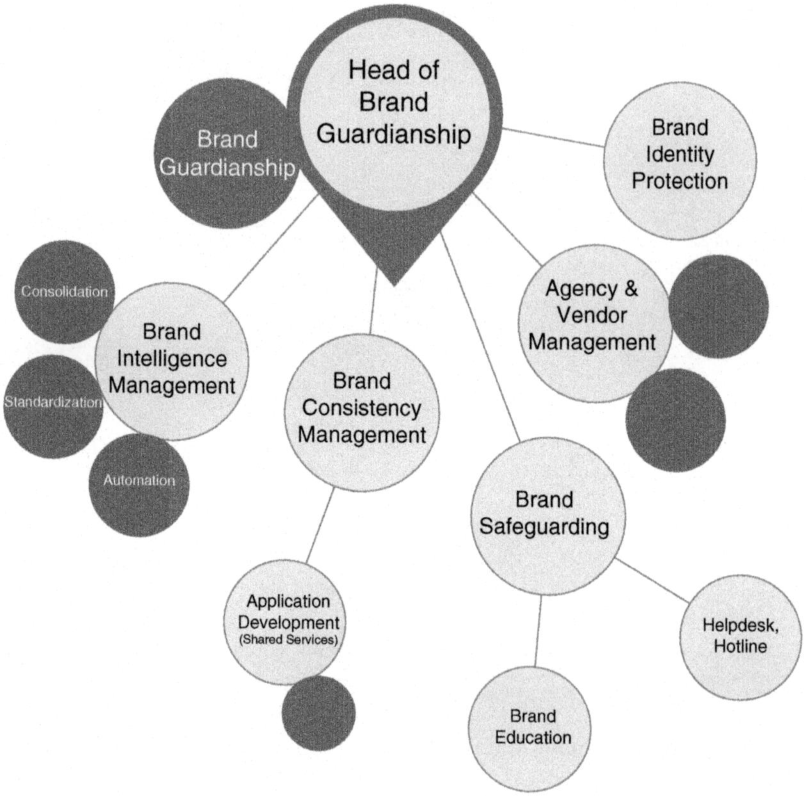

Abb. 3.7 Brand Guardianship

Zukunft der Marke und des Unternehmens vorsorgen möchte, führt an einem kontinuierlichen Brand Monitoring kein Weg vorbei.

3.3.2 Eine neue Ausgangssituation

Während also viele Unternehmen ihre althergebrachten Organisationsformen konservieren und entsprechenden Denkmustern anhängen, dreht sich Draußen die Welt mit zunehmender Geschwindigkeit weiter und schafft dabei radikal neue Bedingungen für die Wahrnehmung und Wirksamkeit von Marken. Diese Entwicklung geht primär

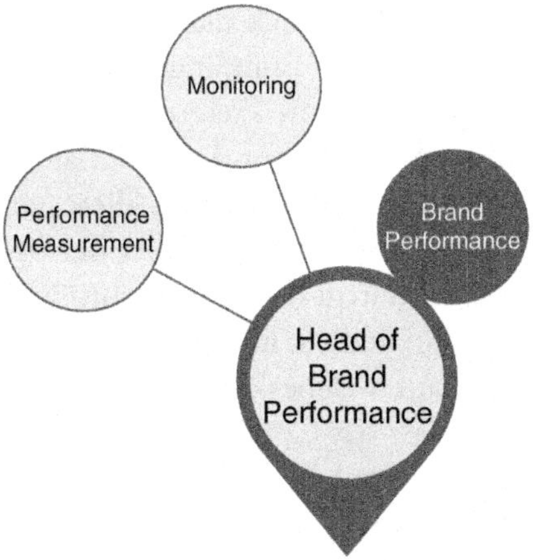

Abb. 3.8 Brand Performance

auf technologische Ursachen zurück, die sowohl die Kommunikation als auch das Management der Marken revolutionieren. Die praktische Konsequenz hieraus lautet: Der Schlüssel für eine erfolgreiche Markenkommunikation liegt hier und heute in der zielgenauen Versorgung der Touchpoints der Marke mit geeignetem Brand Content. Für das Brand Management rückt damit die Beschickung der Content Supply Chains zwecks Initiierung einer intensiven Brand Experience in den Mittelpunkt der Aktivitäten, und die bisher in Silos organisierten kommunikativen Aktivitäten der Marke (wie z. B. Marketingkommunikation, Produktwerbung, interne Kommunikation, Finanzkommunikation, PR etc. pp.) werden auf eine gemeinsame Content-Basis gestellt und nach Maßgabe der Touchpoints organisiert. So wird die Marke auch organisatorisch befähigt, mit einer Stimme zu sprechen. Die Marke spricht mit einer Stimme. Mehr noch: Phänomene wie User-Generated Content oder die wachsende Bedeutung von Meinungsbildnern im Web sowie die unvorhersehbare Reihenfolge der Nutzung von Touchpoints durch die zunehmend individualisierten Adressaten der Marke bringen das klassische Modell der Markenkommunikation aus dem Gleichgewicht. Zusätzlich nehmen Geschwindigkeit und Menge der Informationen und Daten stetig zu. Und das Angebot an Formaten und Kanälen sowie die Art, wie die Menschen heute kommunizieren, verändern sich in immer kürzeren Abständen. Auch die Rollenverteilung ist nicht mehr eindeutig: Wer ist Sender, wer Empfänger, wer startet die Kommunikation? Macht es noch Sinn, von Zielgruppen zu sprechen, wenn sich diese immer stärker fragmentieren und individualisieren?

Für das Brand Management bedeuten diese einschneidenden Veränderungen nicht nur kürzere Intervalle bei der operativen Justierung, sondern auch bei der strategischen Ausrichtung der Marke. Woran soll sich in dieser grundsätzlich neuen Situation das Brand Management orientieren und auf welche Ziele hin kann es sich organisieren? Wir gehen davon aus, dass das Content Supply Management mehr und mehr in den Fokus des Brand Managements rücken wird: Es geht also darum, das Brand Management zu befähigen, die kommunikativen Touchpoints der Marke mit dem passenden – und das heißt idealerweise: individualisierten – Brand Content beliefern zu können. Das ist nicht allein über raffinierte Strategien und kreativen Kommunikationskonzepten (und erst recht nicht durch die aktionistische Beschaffung von gerade angesagten Apps oder Systemen, bei denen Sales im Vordergrund steht) zu erreichen. Die entscheidende Grundvoraussetzung ist vielmehr nach wie vor – auch wenn das noch so banal klingen mag –, dass organisatorische Strukturen geschaffen werden, dank der die mit der Marke und ihrer Kommunikation befassten Brand Operators zu einer guten Arbeit befähigt werden.

3.3.3 Tragfähige Strukturen implementieren

Sind die grundlegenden Voraussetzungen für eine (Neu-)Organisation des Brand Managements mit Blick auf den Change Prozess und die Change Kommunikation geklärt, ist es an der Zeit, die nächsten Schritte zu wagen. Es geht jetzt darum, die neue Grundstruktur zu implementieren, d. h. sie einzurichten und zu etablieren. Wie sieht diese Grundstruktur aus? Sie umfasst im Wesentlichen drei Komponenten:

1. Rollen (und die damit verbundenen Rechte und Pflichten)
2. Prozesse (die im Hinblick auf die anstehende Markenarbeit identifiziert, analysiert, konsolidiert und – soweit möglich – automatisiert werden müssen) sowie
3. Instrumente (also die für ein effizientes Brand Management benötigten IT-Anwendungen resp. Apps, die über die Brand Management Plattform bedient werden können).

Diese drei im Folgenden näher beschriebenen Komponenten Rollen, Prozesse und Instrumente können im Grunde nicht getrennt behandelt und vor allem nicht isoliert voneinander in eine zufriedenstellende Gesamtlösung überführt werden. Es geht es also immer darum, die einzelnen Bestandteile, die zur Organisation eines gut funktionierendes Brand Management benötigt werden, unter einen Hut zu bekommen. Von daher ist auf der einen Seite eine übergreifende Planung, Umsetzung und Stabilisierung der neuen Organisation unverzichtbar. Auf der anderen Seite macht es für unsere Darstellung dieser Aufgabe Sinn, die drei Komponenten separat darzustellen und die Funktionen und Anforderungen zu beschreiben, die sie erfüllen müssen.

3.3.4 Rollen – Verantwortung und Zuständigkeiten

Ein zeitgemäßes Brand Management umfasst, wie wir gesehen haben, die strategischen Aufgaben der Markenführung ebenso wie die dazugehörigen operationalen Aktivitäten in Branding, Werbung und Marketing unter besonderer Berücksichtigung des Content Supply Managements. Dazu sind auf allen Ebenen und in allen Bereichen besondere Kompetenzen und Expertisen erforderlich, die in die Prozesse der Markenarbeit eingebracht werden müssen. Im Umkehrschluss bedeutet das: Nur wenn die personellen Verantwortlichkeiten und Zuständigkeiten für die Marke und ihr Management eindeutig geklärt und verbindlich definiert sind, können die Prozesse auch wie vorgesehen funktionieren.

3.3.4.1 Unternehmensstrategie und Markenführung

Wir haben in diesem Buch wiederholt auf den engen Zusammenhang von Unternehmensstrategie und Markenstrategie hingewiesen. Die Marke hat sich zum entscheidenden Faktor für den Erfolg der Unternehmen entwickelt – was unter anderem im Begriff der *Brand Orientation,* vor allem aber auch im wachsenden Anteil des monetären Markenwertes *(Brand Equity)* am Unternehmenswert deutlich wird. Strategische Markenführung wird zu einer, wenn nicht sogar zu *der* Hauptaufgabe der Unternehmensstrategie. Die Vorgaben und Ziele, mit denen das Brand Management befasst ist, werden auf der Führungsebene über die *Brand Governance* formuliert, exekutiert und kontrolliert. Gute Markenführung ist alles andere als ein Selbstzweck. Das wird in den klassischen B2C-Märkten besonders deutlich sichtbar. Die Marke generiert Wert für das Unternehmen, indem sie die Verbraucher durch gezielte Kommunikation und die Inszenierung von Markenerlebnissen davon überzeugt – man könnte an dieser Stelle auch durchaus sagen: dazu verführt – die Produkte oder Dienstleistungen dieses Unternehmens zu erwerben und sie sämtlichen anderen vergleichbaren Angeboten des Wettbewerbs vorzuziehen. Mehr noch: Es geht heute schon lange nicht mehr darum, die direkten Wettbewerber über Produktvorteile oder günstige Preise auszustechen. Das Ziel muss vielmehr sein, eine Marke und ihre Angebote so stark und attraktiv zu machen, dass die Konsumenten bereit sind, für den Erwerb dieses wie auch immer gearteten besonderen Markennutzens auf andere Anschaffungen und Ausgaben zu verzichten – selbst wenn es sich dabei um Angebote einer ganz anderen Branche handelt. Wie auch immer: Die Marke sollte sich durch höchstmögliche Attraktivität und Begehrlichkeit auszeichnen, um die Wertschöpfung des Unternehmens zu beflügeln.

3.3.4.2 Markenführung und Brand Management

Eine über viele Jahre hinweg gebräuchliche Metapher der Markentheorie lautete: „Brand Stewardship needs Brand Steward." Richtig daran ist die Einsicht, dass die Marke eines verantwortungsvollen und weitblickenden Hüters bedarf und sich die Markenführung und mit ihr das Brand Management nicht auf kurzfristige operative Maßnahmen beschränken sollte. Die Marke muss langfristig auf strategischer Ebene vorbei an allen möglichen Untiefen und Klippen gelenkt und den veränderten ökonomischen, sozialen und kulturellen Rahmenbedingungen immer wieder neu angepasst werden. Doch wie macht man das? Und wer genau ist zuständig und hält dafür seinen Kopf hin?

In der alten Welt des Branding gab es zwei mehr oder weniger atavistische Figuren, die in Sachen Markenführung den Hut aufhatten: der „Steward" und der „Shepherd" – also der Verwalter und der Hirte. Der „Brand Steward" erweckt jedoch eher Assoziationen an einen feudalen Gutsverwalter als an einen Brand Manager des 21. Jahrhunderts. Und auch der „Brand Shepherd" geht seiner Tätigkeit in einem idyllischen Umfeld nach, das mit den Märkten von heute so gut wie nichts mehr zu tun hat. Auf der anderen Seite ist es tatsächlich so, dass die Marke in ihrer Eigenschaft als „Fels in der Brandung" unter psychologischen Aspekten ein gutes Stück weit konservativ konnotiert ist.

Wie immer man die aktuellen Aufgaben der Markenführung sieht und beschreibt: Entscheidend ist, dass klar festgelegt wird, wer die damit verbundenen Aufgaben übernimmt, sie ausfüllt und verantwortet. In diesem Fall nutzt es nichts, sich hinter irgendwelchen nebulösen Worten oder Metaphern zu verstecken: Diese Position muss im Unternehmen mit der besten hierzu geeigneten Person besetzt werden, die neben Kenntnissen über die Funktionen und Bedeutung der Marke auch die nötige Entscheidungsbefugnis mitbringt.

3.3.4.3 Chefsache Markenführung

Wer kann und soll also unter den aktuellen Bedingungen die Verantwortung für die Marke übernehmen? Wie kann man sich die Personen und die Rollen, die sie ausfüllen müssen, eigentlich vorstellen? Drei Argumente sind aus unserer Sicht in diesem Zusammenhang zielführend:

1. Brand Management hat heute nach wie vor eine operative, aber vor allem auch eine strategische Dimension. So wichtig, wie die Marke für das Unternehmen heute ist, muss die Markenführung und die Brand Governance in wesentlichen Teilen als eine strategische Aufgabe der Unternehmensleitung angesehen werden. Markenführung sollte also auf dem „C-Level" angesiedelt sein. Die Verantwortung für die Marke kann sinnvollerweise weder auf die operative Ebene im Unternehmen – klassisches Branding, Marketing und Kommunikation – noch an externe Experten außerhalb des Unternehmens – Unternehmensberatungen, Marketingdienstleister oder Markenagenturen – delegiert werden. Das heißt selbstredend nicht, dass der bzw. die Markenverantwortlichen auf externe Markenexpertise verzichten muss: Gerade auf dem C-Level ist ja Consulting die übliche Praxis – und, was ebenso wichtig ist, derartige Beratungsleistungen auf hohem Niveau werden im Unternehmen akzeptiert und anerkannt.
2. Die Marke, ihre vielfältigen Funktionen und vor allem ihre Interaktionen mit dem ökonomischen, technologischen und soziokulturellen Umfeld sind mittlerweile so komplex, dass sie nur von einem Team von Experten gesteuert, entwickelt und am Leben gehalten werden kann, das über die dazu nötigen breit gefächerten Expertisen und entsprechende Instrumente verfügt. Die Performance der Marke ist von daher nicht nur Sache einer einzelnen Person, sondern Aufgabe einer ganzen Crew mit klarer Arbeitsteilung und entsprechender Verantwortung: Ein Kapitän, der sagt, welches Ziel angesteuert werden soll. Ein Navigator, der den Kurs absteckt und kontrolliert. Und eine Mannschaft, die das Schiff bzw. die Marke in Bewegung setzt und über eine lange Reise hinweg in Gang hält.
3. Organisatorisch gesehen, ist die Markenführung auf drei Ebenen angesiedelt: Brand Governance definiert die universellen Ziele der Marke, ihrer Kommunikation und ihres Managements und kontrolliert deren Einhaltung. Das strategische Brand Management ist in seinem Kern mit Entwicklung, Sicherung und Kontrolle der Brand Identity befasst. Das operative Management schließlich organisiert und exekutiert die Prozesse innerhalb (Branding, Werbung, Marketing, Content Supply) und außerhalb (Agenturen, Lieferanten,

Dienstleister) des Unternehmens, die für eine effektive Markenkommunikation benötigt werden.

Zusammenfassend lässt sich sagen

1. Nach wie vor werden kleine Teams von Spezialisten benötigt, um die Marke zum Laufen zu bringen und am Laufen zu halten.
2. Darüber hinaus müssen alle Beschäftigten ihre Rolle als Markenbotschafter akzeptieren und in ihren spezifischen Funktionen und Positionen zur Markenpflege beitragen – ein Aspekt, der beispielsweise weit über die aktuellen Konzepte von Employer Branding als „Arbeitgebermarke" hinaus geht.
3. Entscheidend ist jedoch, dass die Unternehmensleitung willens und in der Lage ist, die Marke strategisch zu führen und die damit verbundenen Ziele durchzusetzen. Ob diese Aufgabe nun vom CEO oder einem CBO (Chief Branding Officer – eine wünschenswerte, aber nichtsdestotrotz zumeist vakante Position in den heutigen Vorstandsetagen) übernommen werden soll, ist demgegenüber sekundär.

3.3.4.4 Rollen im strategischen und operativen Brand Management

Strategisches und operatives Brand Management sind jeweils die Aufgabe von unterschiedlichen Teams, die in der Organisation des Unternehmens an verschiedenen Orten angesiedelt sind. Die Mitglieder dieser Teams füllen klar definierte Rollen aus, übernehmen die dazugehörige (Teil-) Verantwortung und bringen ihre individuellen Kompetenzen und Expertisen ein. Strategische Markenführung inklusive der Brand Governance ist Sache der Geschäftsleitung und ihrer Zuarbeiter wie z. B. der für die Unternehmensentwicklung zuständigen Stabsstellen. Die Markenziele müssen von den für die Unternehmensstrategie zuständigen Spezialisten erarbeitet und mit der operativen Leitung abgestimmt werden. Auf der operativen Ebene sind Manager und Mitarbeitende für die kommunikativen und funktionalen Prozesse in Branding, Werbung und Marketing sowie mittlerweile immer intensiver (Markenkommunikation im digitalen Zeitalter) für das Content Supply

Management zuständig. Dies alles erfordert eine verbindliche Abstimmung mit Product Management, Vertrieb und Controlling. Ferner macht es Sinn, Fachleute aus der IT mit an Bord zu haben.

In der Regel greifen Unternehmen auf externe Berater und Spezialisten zurück, die sie bei Entwicklung der Strukturen für das Brand Management unterstützen. Diese Unterstützung schließt, wie wir gezeigt haben, den Prozess des Change Managements inklusive der Change Communication mit ein. Ziel einer solchen Begleitung muss es an erster Stelle sein, so früh wie möglich die strategische wie auch die operative Struktur – Rollen, Prozesse und Instrumente für die Bereiche Branding, Marketing und Content Supply – im Unternehmen zu verwurzeln und dieses zu befähigen, sein Brand Management aus eigener Kraft umzusetzen und zu optimieren. Brand Governance sowie strategisches und operatives Brand Management sind in ihrer Gesamtheit eine Kernkompetenz des Unternehmens. Als entscheidende Faktoren für den Geschäftserfolg sollten sie deshalb im Unternehmen organisatorische verankert sein und unter seiner direkten Kontrolle stehen. Das ist selbstredend kein prinzipielles Argument gegen eine Zusammenarbeit mit externen Markenexperten oder das Outsourcing bestimmter Funktionen und Prozesse des Brand Managements. In jedem Fall aber ist es für das Unternehmen wichtig, die Markenführung nicht aus der Hand zu geben und den Überblick rund um die Marke und ihr Management zu behalten.

3.3.5 Prozesse – Vom Corporate Design zum Content Supply

Die zentrale Aufgabe des Brand Managements läuft, wie bereits mehrmals ausgeführt, unter den heutigen medialen und technologischen Vorzeichen immer stärker auf die Planung und Umsetzung von Markenerlebnissen an der stetig wachsenden Zahl von Touchpoints der Marke hinaus. Das Brand Management muss also adäquate – zielgruppengerechte und inzwischen immer öfter: auf den individuellen Adressaten der Markenkommunikation zugeschnittene – Markenerlebnisse auf Grundlage einer konsistenten Brand Identity in einem ebenso komplexen wie volatilen Umfeld schnell und präzise an den Touchpoints der Marke gewährleisten. Dieser Vorgang ist keine einmalige Aktion, sondern erinnert eher an einen modernen Logistik-Prozess. Von daher sprechen wir von Content Supply Management bzw. aus dem Blickwinkel des einzelnen Touchpoints von einer Content Supply Chain, über die der Adressat der Marke – Kunde, Investor, Mitarbeitende, wer auch immer – mit dem für ihn relevanten Brand Content versorgt wird.

3.3.5.1 Hauptfunktionen des Brand Management Systems

Welche Konsequenzen ergeben sich aus dieser neuen Situation für die effektive (wir machen gute und wirksame Markenkommunikation) und effiziente (wir bringen die dafür erforderlichen Arbeitsprozesse erfolgreich zum Laufen) Organisation des Brand Managements? Auf der einen Seite geht es darum, die Prozesse der klassischen Bereiche Branding, Werbung und Marketing systematisch in den Griff zu bekommen und unter einem gemeinsamen Dach zu vereinen. Darüber hinaus muss das Brand Management befähigt werden, die Marke zeitgemäß zu steuern und über die gebräuchlichen Online-Medien zu kommunizieren – was ein medienübergreifend nutzbares Content Management System und ein touchpointorientiertes Content Supply Management nötig macht. Damit dieses Brand Management-System in seiner Gesamtheit funktioniert und organisiert werden kann, müssen zunächst die bereits vorhandenen Markenprozesse identifiziert und analysiert werden. In einem zweiten Schritt geht es dann darum, sie neu zu modellieren und zu vernetzen.

3.3.5.2 Identifizierung und Analyse von Markenprozessen

Im Alltag eines Unternehmens setzt sich das Brand Management aus einer Vielzahl einzelner Arbeits- und Geschäftsprozesse zusammen, die jeder für sich effizient abgewickelt werden muss. Immer und überall dort, wo es nötig ist, müssen sie miteinander vernetzt und synchronisiert werden. Nicht wenige dieser Prozesse sind abteilungsübergreifend, und ihre Koordinierung kann mit den Ansprüchen der einzelnen Silos bzw. deren Leitung kollidieren. Von daher ist die Frage, welche Arbeitsabläufe dem Brand Management überhaupt zuzurechnen sind, alles andere als naiv. Der methodische Ansatz, der nach unserer Einschätzung bei der Einrichtung eines Brand Managements aktuell und praktisch am besten funktioniert, ist die Identifizierung sowie die daran anschließende Analyse der Prozesse unter Berücksichtigung der bereits vorhandenen bzw. projektierten Kommunikationskanäle resp. Content Supply Chains.

Bei bereits etablierten und im Markt präsenten Unternehmen beginnt die Organisation des Brand Managements im eigenen Hause also nicht bei Null: Die Prozesse in Branding und Marketing sind – zumindest bei den meisten europäischen Firmen – über einen längeren Zeitraum hinweg mehr oder weniger organisch gewachsen und stellen sich dementsprechend dar. Wer sie erfolgreich steuern und optimieren möchte, sollte sie im Zuge der Organisation seines Brand Managements (Change Process) aus unterschiedlichen Perspektiven analytisch angehen:

1. ***Vom Unternehmen her:* Zunächst müssen die als markenrelevant identifizierten unternehmensinternen Prozesse bzw. Workflows im Organisationsgefüge des Unternehmens lokalisiert werden. Danach sollte geklärt werden, welche Funktionen sie genau für die Marke erfüllen, welche Bedeutung und Priorität sie für die gegenwärtige Markenführung haben, in welchem Umfang und welcher Intensität sie zu Brand Value und Brand Equity beitragen und welche Instrumente hierzu zum Einsatz kommen. Die Frage ist auch, wie das Zusammenspiel zwischen den einzelnen Prozessen geregelt ist. Schließlich geht es auch um die Prozess-Verantwortlichen, und über welche Zuständigkeiten und Aktionsradien sie genau verfügen.**
2. ***Von der Marke her:* Das Einmaleins der Markenführung sollte aufgearbeitet bzw. aktualisiert werden. Also Antworten auf Fragen wie: Wer genau sind unsere Kunden? Durch welche soziodemografischen und soziokulturellen Merkmale sind sie charakterisiert? Welchen konkreten und ideellen Nutzen bieten**

unsere Produkte bzw. Leistungen ihnen? Was zeichnet unsere Marke und deren Angebote gegenüber dem Wettbewerb aus und macht uns besonders interessant und begehrenswert? Wie sehen unsere Märkte aus und wie ist ihr zukünftiges Potenzial einzuschätzen? Wer sind unsere Mitbewerber und wie verhalten wir uns ihnen gegenüber? Wie genau ist unsere Marke positioniert? Wie lautet unsere Mission und Vision? Für welche Werte stehen unser Unternehmen und unsere Marke(n)? Welche strategischen Ziele verfolgen wir mit welcher Priorität? Um derartige Vorgaben in das Brand Management einfließen zu lassen, muss man sich mit der Materie Marke auskennen, über eine funktionierende Brand Governance verfügen und in der Lage sein, die Ziele der Brand Strategy und die zu ihrer Erreichung geeigneten Mittel und Instrumente richtig einzuschätzen.

3. *Von der IT her:* Was die IT anbelangt, steht am Anfang ebenfalls eine grundsätzliche Bestandsaufnahme. Angesichts der komplexen Anforderungen an ein effektiv kommunizierendes und effizient organisiertes Brand Management macht es unserer Überzeugung nach keinen Sinn, bei den Anwendungen einfach auf irgendwelche „Out-of-the-Box"-Lösungen (Standard Apps) zurückzugreifen und darauf zu hoffen, man könne diese nach der Installation problemlos an die Anforderungen des Unternehmens und seines Brand Managements anpassen. Das mag, wenn man Glück hat, bei einzelnen Tools funktionieren. Für eine funktionsfähige Gesamtlösung reicht jedoch eine Addition disparater Teillösungen niemals aus.
4. *Vom Lösungsansatz her:* Eine adäquate Methodik verbindet die Prozessanalyse und deren Ziele einer Effizienzsteigerung und Optimierung der gesamten Organisation des Brand Managements mit der Planung, Beschaffung und Konfiguration eines geeigneten IT-Systems. Ein solcher integrierter Lösungsansatz muss sich mit z. T. sehr unterschiedlichen Baustellen befassen:
   a) Die Marken-Prozesse im Unternehmen müssen zunächst abteilungs- und standortübergreifend identifiziert, hiernach analysiert und schließlich mit den aktuellen Anforderungen an das Brand Management mit Blick auf das Content Supply Management und

die von hier aus zu den Touchpoints der Marke führenden Content Supply Chains abgeglichen werden. Sind daran auch externe Markendienstleister wie zum Beispiel Agenturen beteiligt – was in der Regel der Fall ist – muss deren Beitrag ebenfalls auf den Prüfstand.

b) An diese Phase der Sichtung schließen sich erste Überlegungen und Planungen für mögliche Maßnahmen zur Optimierung der Prozesse mithilfe geeigneter IT-Lösungen an. Hierbei müssen die unternehmensseitig bereits vorhandenen IT-Instrumente und Systemkomponenten mitbetrachtet und ihr zukünftiges Potenzial realistisch eingeschätzt werden. Falls sie den Anforderungen nicht genügen, müssen geeignete neue Anwendungen ermittelt und beschafft werden.
c) Da die IT-Anwendungen in einem Brand Management System miteinander vernetzt werden, um die Markenarbeit schneller und effizienter zu machen, sollte möglichst früh geprüft werden, ob und inwieweit sie für eine Vernetzung überhaupt geeignet sind. Für einen solchen Check sind sowohl technische (funktioniert prinzipiell) als auch finanzielle (funktioniert zu vertretbaren Kosten) Kriterien maßgeblich.
d) Die Benutzeroberfläche des Brand Management Systems wird auf der Brand Management Plattform dargestellt, die ihrerseits bestimmten Anforderungen – insbesondere im Hinblick auf Performance und User Experience der Brand Operators – genügen muss. Auch hierfür sollten die Anforderungen rechtzeitig ermittelt, reflektiert und definiert werden.

3.3.6 Modellierung von Markenprozessen

Es ist eine in vielen Unternehmen verbreitete Fehleinschätzung, dass man eine effiziente Organisation eines Brand Managements resp. Brand Management Systems über die Installation von IT-Instrumenten erreichen könnte, die sich dann gewissermaßen wie von selbst auf einer Brand Management Plattform vereinen lassen. System und Plattform können nur dann die erwünschten Ergebnisse liefern, wenn sie auf gut durchdachte und strukturierte Markenprozesse und entsprechend auf sie abgestimmte Anwendungen aufbauen können.

In den meisten Unternehmen haben sich die Arbeitsprozesse für Branding, Werbung und Marketing in der Vergangenheit mehr oder weniger naturwüchsig innerhalb der dafür vorgesehenen organisatorischen Silos entwickelt. Infolgedessen führen sie häufig eine Art von Eigenleben. Bevor also das Brand Management System und die Brand Management Plattform aufgesetzt und in Betrieb genommen werden können, muss man sich zunächst mit den dazugehörigen Arbeitsprozessen rund um die Markenkommunikation selbst befassen. Erste Schritte betreffen, wie dargestellt, deren Identifizierung und Analyse. So wird eine Grundlage geschaffen, auf der sich die Markenprozesse entsprechend der aktuellen Anforderungen eines effektiv kommunizierenden und effizient organisierten Brand Managements modellieren und optimieren lassen.

Das Ziel der Optimierung von Markenprozessen ist ein effizient organisiertes und im Unternehmen verankertes Brand Management, das eine effektive und in ihrer Wirkung nachhaltige Markenkommunikation über die Bereitstellung von geeignetem Content und dessen spezifischer Distribution an die unterschiedlichen Touchpoints der Marke gewährleistet. Der Optimierungsvorgang dieser Prozesse erstreckt sich über drei Phasen: Konsolidierung, Standardisierung und Automatisierung.

3.3.6.1 Konsolidierung von Markenprozessen

Die Konsolidierungsphase knüpft an die Identifizierung und Analyse der Markenprozesse innerhalb und außerhalb des Unternehmens an. Hierbei werden zunächst die Markenprozesse ausfindig gemacht und anschließend systematisch untersucht. Zugegeben: Das klingt im ersten Moment reichlich banal. Eigentlich sollte das Management eines Unternehmens ja seine Prozesse kennen. Das Problem ist nur, dass in vielen Unternehmen ein Brand Management, das diesen Namen verdient, in Wahrheit (noch) nicht oder nur in Ansätzen existiert. Es gibt vielleicht ein Branding, das sich vorwiegend mit Corporate Design und dessen regelkonformer Umsetzung befasst. Und eine Werbeabteilung, die Agenturen brieft und die Mediaplanung überwacht. Sowie ein Marketing, das über den Auswertungen von Marktforschungsinstituten brütet, über das Preisgefüge eines Produkts nachdenkt und die nächste Promotion plant. Diese als Silos organisierten Abteilungen beäugen sich – vorsichtig formuliert – mit notorischem Misstrauen. Der erste Schritt besteht also darin, die tatsächlich markenrelevanten Prozesse und die mit ihnen verbundenen Aktivitäten und Kommunikationsmaterialien im Unternehmen ausfindig zu machen. Die Hauptschwierigkeit liegt häufig darin, dass an unterschiedlichen Unternehmensstandorten eigene Markenprozesse entstanden und gewachsen sind, die auf das jeweilige regionale Umfeld – Kunden, Märkte, Salespoints, Lieferanten – abgestimmt sind. Gerade aber diese Prozesse müssen in die Konsolidierung mit einbezogen werden.

Mit etwas Glück und Umsicht führt eine solche Betrachtung dazu, dass eine Vielzahl einzelner Arbeitsvorgänge auf einige wenige Grundprozesse reduziert werden können. Eine solche Zusammenfassung ist der Ausgangspunkt für eine erfolgreiche Konsolidierung.

3.3.6.2 Standardisierung von Markenprozessen

In der zweiten Phase geht es darum, die konsolidierten Markenprozesse in sich so effizient wie möglich zu strukturieren. Dabei sind zwei Aspekte beachtenswert: Die Flexibilität der Prozesse sowie ihre unternehmensweite Adaptierbarkeit. Brand Management-Prozesse müssen flexibel konzipiert werden, da sie sich an die fortlaufenden Veränderungen der Marke in ihrem Umfeld immer wieder neu anzupassen haben. Das betrifft beispielsweise die Möglichkeit, neue Touchpoints zu bedienen. Oder zeitnah auf eine PR-relevante Entwicklung einzugehen. Entscheidend für den Erfolg des Brand Managements ist zudem, dass seine Prozesse, Ressourcen und Instrumente über alle Standorte eines Unternehmens hinweg genutzt und vor allem auch: zentral administriert werden können. Eben dazu muss ein Brand Management System eingerichtet werden, das sich über die Brand Management Plattform unternehmensweit nutzen und kollaborativ bedienen lässt.

Die Prozesse sollten also so konzipiert und modelliert werden, dass sie an jedem Unternehmensstandort — und nicht nur in der Zentrale – ein effizientes Brand Management ermöglichen und zu einer spürbaren Performance-Verbesserung sämtlicher markenrelevanten Prozesse führen.

3.3.6.3 Automatisierung von Markenprozessen

Die konsolidierten und standardisierten Markenprozesse werden in geeignete Instrumente – also Apps resp. Software Anwendungen – migriert, die dann ihrerseits in das Brand Management System integriert und untereinander vernetzt sowie über die Brand Management Plattform sichtbar und bedienbar gemacht werden. Schon aufgrund der Komplexität dieser Aufgabe ist es erforderlich, ihren Integrationsprozess Schritt für Schritt anzugehen. Das Brand Management System plus die dazugehörige webbasierte Brand Management Plattform mit ihrer offenen Systemarchitektur bieten die informationstechnischen Voraussetzungen dafür, ein Brand Management mit den Ziel- und Kernaufgaben optimierte Brand Performance, gesteigerten Brand Value und nachhaltige Markenentwicklung unternehmensweit zu etablieren, zu automatisieren, effizient zu machen und in Zukunft um geeignete innovative technische Lösungen zu erweitern.

Eine konsequente Automatisierung der Markenprozesse ist die Voraussetzung dafür, deutliche Einsparungen an Zeit und Kosten bei hoher Qualität und Prozesssicherheit der Arbeitsabläufe zu erzielen. Mehr noch: Nur ein Brand Management, dessen Prozessabläufe hochgradig automatisiert sind, kann in der Praxis ein touchpointorientiertes Content Supply Management realisieren, das den Anforderungen einer zeitgemäßen Markenkommunikation gerecht wird. Der aktuelle Fokus des Brand Managements auf Content Supply Management inklusive den Content Supply Chains zu den Touchpoints der Marke befördert also die Automatisierung von Marken(Kommunikations-) Prozessen. Ohne Automatisierung ist die reziproke/individualisierte Kommunikation der Marke mit ihren Stakeholdern praktisch nicht machbar.

3.3.7 Instrumente – IT für das Brand Management

Ein effizient organisiertes Brand Management ist unter den heutigen Bedingungen nur mithilfe geeigneter Software realisierbar. Viele dieser Anwendungen für die Bereiche Branding und Marketing sind bereits vorhanden und in einer wachsenden Zahl von Unternehmen im Einsatz. Sie sind allerdings auf die Lösung einzelner Aufgaben bzw. Prozesse hin konzipiert. Bei diesen Instrumenten handelt es sich also aus der Sicht eines umfassenden Brand Management Prozesses um Application Software bzw. Apps oder Module, die entweder von der Stange gekauft oder irgendwann einmal individuell entwickelt wurden und für eine Vernetzung eher nicht oder überhaupt nicht geeignet sind.

3.3.7.1 Anforderungen an Brand Management Anwendungen

Oft wird von Software-Anbietern für Branding- und Marketing-Aufgaben unterstellt, ihre Produkte seien a) universell einsetzbar und b) schon eine Art Brand Management-Gesamtlösung. Beides trifft nicht zu. In den meisten Fällen handelt es sich um hoch spezialisierte und oft sogar proprietäre Anwendungen. Trotzdem kann es richtig sein, nach Klärung der vorgelagerten Strukturkomponenten des Brand Managements – also Rollen und Prozesse – über den Einsatz derartiger standardisierter Anwendungen nachzudenken. Denn sie sind normalerweise technisch ausgereift und weitaus kostengünstiger als individuelle Neuentwicklungen. Allerdings sollte dabei immer berücksichtigt werden, inwieweit eine solche Applikation dazu geeignet ist, im Rahmen des jeweiligen (schon realisierten oder noch geplanten) Brand Management Systems und der hinter ihm stehenden Unternehmens-IT zu funktionieren und ohne großen Aufwand vernetzt werden kann. Sind die systemischen Voraussetzungen grundsätzlich erfüllt, kann auch erwogen werden, ob das betreffende Modul – falls das überhaupt möglich ist – weiter angepasst bzw. individualisiert werden sollte.

Im Folgenden werden wir nicht einzelne Apps, sondern ihre Anwendungsbereiche mit Blick auf deren Funktion und Stellenwert für das operative Brand Management beschreiben. Da die technische

Entwicklung in diesem Bereich rasant voranschreitet und auch aufseiten der Softwareanbieter ein reger Wettbewerb herrscht, ist momentan auf dieser allgemeinen Ebene nur eine Momentaufnahme ohne jeden Anspruch auf Vollständigkeit möglich. Ähnlich wie z. B. bei der Texterstellung ist es denkbar, dass der Automatisierungsgrad bei der Content-Generierung und Content-Distribution der Marken in Zukunft Ausmaße erreichen wird, die heute kaum vorstellbar sind. Davon abgesehen gibt es aktuell schon Lösungen, welche die Markenarbeit, wie wir sie noch vor zehn Jahren kannten, auf eine neue Grundlage gestellt haben.

3.3.8 Instrumente für das Corporate Design

Die Umsetzung von Corporate Design-Vorgaben auf einzelne Medien, mit denen die visuelle Konsistenz des Markenauftritts über alle Medien und Touchpoints hinweg gewährleistet wird, war in der Vergangenheit die Aufgabe von spezialisierten Designern. In der Zwischenzeit wird diese Aufgabe zunehmend automatisiert.

3.3.8.1 Web to Print (W2P)

Eine mittlerweile in vielen Unternehmen gebräuchliche Praxis: Die Produktion der Druckvorlagen für Print-Medien wird über eine zu diesem Zweck eingerichtete browserbasierte Benutzeroberfläche vorbereitet und umgesetzt. In gewisser Hinsicht handelt es sich hierbei um die logische Fortführung des seit Jahrzehnten bekannten Desktop Publishings: Auf Grundlage der Trennung von Layout und Content wird es dem Anwender mithilfe von Online-Editoren ermöglicht, über die Auswahl eines geeigneten Templates eine mediengerechte und CD-konforme Vorlage zu erstellen. Das Regelwerk, das die konsistente visuelle Brand Identity über die Anwendung des betreffenden Corporate Designs der Marke steuert, muss also nicht mehr vom Designer interpretiert und umgesetzt werden, sondern wird durch die Software übernommen und exekutiert. W2P ist zudem ein Beispiel dafür, wie Markenprozesse über das Unternehmen hinauswachsen und neue Strukturen der Zusammenarbeit gefestigt werden: Derartige Anwendungen binden oft auch externe Dienstleister wie Agenturen und Druckereien in den Workflow der Markenarbeit ein.

Je nach Auslegung der Anwendung können weitere Optionen für den Prozess in Anspruch genommen werden. Hierzu zählen etwa die Möglichkeit einer Vorschau bei Änderungen von Bildern, die Abfrage von drucktechnischen Parametern oder auch ein direktes Angebot bzw. Kostenaufstellung des Druckanbieters, aber auch Übersetzungs- und Lokalisierungsprozesse.

3.3.9 Instrumente für das Content Supply Management

Da die Content-Entwicklung und Content-Bearbeitung für eine zeitgemäße Markenkommunikation zur Inszenierung von Markenerlebnissen an den Brand Touchpoints eine dominierende Rolle spielt, rückt das Content Supply Management zusehends in das Zentrum des Brand Managements. Wir stellen nachfolgend einige gebräuchliche Instrumente zur Generierung und Distribution von Brand Content vor.

3.3.9.1 Web Content Management System (WCMS)

Eine zentrale Anwendung für die Content-Entwicklung und -Bearbeitung der Marke sind die mittlerweile in vielen Unternehmen gebräuchlichen Content Management Systeme. Hierbei handelt es sich aktuell um eine browserbasierte Software zur gemeinschaftlichen Erstellung, Bearbeitung und Archivierung von markenrelevantem Content in einer oder mehreren Datenbanken, die für spezifische Medienanwendungen ausgelegt sind. Die gebräuchlichsten Varianten werden für die Content Generierung von Websites genutzt. Hierzu zählen neben Texten beispielsweise Tabellen, Grafiken, Bilder oder Videos einschließlich der dazugehörigen Metadaten. Das System ist sinnvollerweise plattformunabhängig und in Scriptsprachen angelegt. Auf ein WCMS haben normalerweise mehrere Autoren bzw. Brand Operators Zugriff, wobei die Zugriffsrechte personenbezogen oder nach Nutzergruppen geregelt werden. Der Content bzw. seine Grundelemente lassen sich über

Suchfunktionen rasch auffinden. Ein entscheidender Vorteil solcher Anwendungen ist, dass sie sich inzwischen sehr komfortabel bedienen lassen. Sie sind browserbasiert und verfügen über eine grafische Benutzeroberfläche. Spezielle Programmierkenntnisse sind für das Editieren bzw. die Bedienung heute nicht mehr erforderlich.

Ein weiteres Merkmal eines WCMS ist die medienneutrale Datenhaltung. In welchem Format oder als welche Datei (z. B. pdf oder HTML) der Content bereitgestellt oder verteilt wird, kann durch den Nutzer vorgegeben werden. So ist es dann beispielsweise möglich, auf die spezifischen Anforderungen der einzelnen Touchpoints der Marke und der hier eingesetzten Medien schnell und flexibel zu reagieren. Bei neueren Systemen werden die Dateiformate erst bei Abfrage aus der Datenbank generiert. Über die reine Content-Verwaltung hinaus werden WCMS auch für Übertragungsaufgaben und den URL-Aufbau genutzt. So lassen sich etwa Domainweiterleitungen und Permalinks konfigurieren.

3.3.9.2 Digital Asset Management (DAM)

Über ein Digital Asset Management lässt sich digitaler Content verwalten und archivieren. Das können z. B. Fotos, Grafiken, Videos, Audiodateien oder Textbausteine sein. DAM kann als Bestandteil oder Ergänzung eines Content Management Systems (CMS bzw. WCMS) gesehen werden.

Im Vergleich zu einer klassischen Bilddatenbank hat ein DAM den Vorteil eines größeren Anwendungsspektrums. Arbeitsvorgänge wie der Import und Export von Dateien, Formatkonvertierungen und die Anreicherung mit Metainformationen sind inzwischen Standard. Zusätzlich verfügen solche Systeme über komfortable Suchfunktionen und die Möglichkeit, Dateien zu mediengerechten Paketen zu bündeln. Von seiner Architektur her ist ein DAM keine eigenständige Systemlösung, sondern kann aus Einzelkomponenten wie Rechnern, Servern und Datenbanken zusammengestellt werden.

3.3.9.3 Content Delivery Network (CDN)

Bei einem Content Delivery Network handelt es sich um ein Netz lokal verteilter Server, Backbones und Knoten, die über das Internet verbunden sind und sich insbesondere zur Auslieferung großer Mediendateien oder auch Softwarepakete eignen. Sie arbeiten koordiniert zusammen, sodass sie auf Anfrage von Usern den benötigten Content so ökonomisch und effizient wie möglich zur Verfügung stellen können. Im Hintergrund werden die Daten im Netz so vorgehalten (caching), dass sie möglichst schnell oder möglichst effizient zum Nutzer gelangen. Große CDNs können tausende von Servern und Knoten umfassen. Der Content wird zunächst auf einem Ursprungsserver abgelegt und über Replica-Server distribuiert.

Der Vorteil eines solchen Systems liegt darin, dass es hochflexibel ist und die Übertragung großer Datenvolumina an Clients aller Art ermöglicht. Das ist etwa für die interne Organisation des Brand Managements innerhalb großer Unternehmen von Bedeutung, wo es u. a. um die Distribution umfangreicher Bild- oder Videodateien geht.

3.3.9.4 Product Information System (PIM)

Solche Anwendungen dienen der gezielten Bereitstellung und zentralen Archivierung von aktuellen Produktinformationen, die früher in großen Unternehmen bzw. Konzernen nur schwer auffindbar waren, weil sie dezentral verwaltet wurden. Hierzu zählen etwa einkaufs-, produktions- und eben auch kommunikationsrelevante Daten, die über unterschiedliche IT-Systeme, Sprachen, Ausgabemedien und Publikationen bereitgestellt werden können. Hinzu kommen Optionen zu einer effizienten Übernahme, Verwaltung, Anreicherung und Ausgabe von Daten.

Ähnlich wie bei Content Management-Systemen erfolgt in diesem Fall die Bereitstellung und Pflege der Produktinformationen medienneutral über ein zentrales System mit unternehmensübergreifend verteilten Clients, wodurch ein schneller und einfacher Informationstransfer an die gewünschte Adresse bewerkstelligt werden kann.

PIMs wurden ursprünglich mit Blick auf die Interessen von Unternehmens-Abteilungen wie Forschung und Entwicklung, Warenwirtschaft und Logistik sowie für den Vertrieb konzipiert. Sie sind aber mit Blick auf die hier erfassten Kommunikationsdaten auch für das Brand Management von wachsendem Interesse.

3.3.10 Instrumente für Marketing und Kommunikation

Angesichts der stetig wachsenden strategischen Bedeutung der Marke für Unternehmen plädieren wir dafür, Branding, Werbung und Marketing als eine Einheit zu sehen, die über das Brand Management geführt, gesteuert und umgesetzt wird. Aus dieser Perspektive ist das Marketing Ressource Management (wie das Marketing generell) ein Bestandteil des Brand Managements, und die Instrumente des Marketing Ressource Managements fallen ebenfalls in seine Zuständigkeit.

3.3.10.1 Marketing Ressource Management (MRM)

Bei MRM handelt es sich um ein Bündel von Software-Lösungen, die in erster Linie auf die Planung und Umsetzung einer effizienten Marketingkommunikation abzielen. Vom Anspruch her wird der gesamte Marketing-Prozess eines Unternehmens abgebildet – inklusive Planung, Budgetierung, Content Management, Produktionsautomatisierung der Kommunikationsmittel und Marketing-Erfolgskontrolle. Durch eine Vernetzung dieser Komponenten und die Auswertung des so entstehenden Datenpools werden Optionen in Richtung „Marketing Intelligence“ bzw. „Brand Intelligence“ denkbar.

Der erste Anstoß zur Entwicklung von MRM ging auf das bekannte Technologie-Beratungs- und Marktforschungs-Unternehmen Gartner zurück. Die Forderung war, den gesamten Bereich Marketing und Kommunikation eines Unternehmens informationstechnisch auf das Niveau zu bringen, wie er im Enterprise Ressource Planning (ERP), im Customer Relation Management (CRM) oder im E-Commerce seit Jahren erfolgreich praktiziert wird. So sinnvoll dieser Denkansatz auf den ersten Blick auch erscheinen mag, hat er doch einen Geburtsfehler: Er ordnet das Brand Management dem Marketing unter. Die Konsequenz daraus ist, dass im Alltagsgeschäft die essenzielle Bedeutung der Marke für die Strategie und die Kommunikation des Unternehmens verloren geht. Daher reduziert sich das Brand Management aus dieser Perspektive mehr oder weniger auf Corporate Identity und Corporate Design – eine Auffassung, die unserer Überzeugung nach weder zeitgemäß noch zielführend ist.

Ungeachtet dessen ist das Vorhaben, die Aktivitäten im Marketing mithilfe geeigneter IT-Lösungen zu strukturieren, zu dokumentieren und zu kontrollieren auch im Rahmen eines weiter gefassten und konzipierten Brand Managements relevant, das die Prozesse in Branding, Werbung, Marketing und Content Supply eines Unternehmens als Einheit sieht. Der Einsatz von standardisierten MRM-Modulen für Prozesse wie Planning and Budgeting, Publishing oder Content Management im Rahmen eines zeitgemäßen Brand Managements ist immer erwägenswert – sofern die betreffende Software die durch das jeweilige Unternehmen und seine Marke vorgegebenen Anforderungen an Rollen und Prozesse erfüllt, mit den sonstigen Instrumenten des Brand Managements sowie der Unternehmens-IT kompatibel und auch praktisch in der Lage ist, mit ihnen zusammenzuspielen.

In einer früheren Bestandsaufnahme aus dem Jahr 2009 kam Gartner zum dem Schluss, dass aus IT-Sicht (noch) keine schlüssigen Gesamt-Konzepte für den Bereich MRM existieren. Das galt zumindest für Komplettlösungen und Anbieter wie Unica, Terradata und Siebel Oracle. Offensichtlich hat sich das Angebot inzwischen verbessert. Das ändert allerdings nichts an unserer grundsätzlichen Kritik, dass MRM immer nur einen Teilbereich des Brand Managements abdecken kann.

3.3.11 Instrumente für das Brand Monitoring

Die durch das Brand Management generierten und erhobenen Informationen und Daten können – die geeigneten Instrumente vorausgesetzt – für eine aktuelle Auswertung der Markenprozesse und darüber hinaus für die strategische und operative Optimierung der Marke genutzt werden.

Die neuen Optionen, die ein effizient organisiertes Brand Management für eine nachhaltige Markenführung mit sich bringen, lassen sich so konsequent nutzen. Brand Monitoring kann als Weiterentwicklung von Brand Audits gesehen werden: Anstelle von Gutachten, die eine Momentaufnahme des Status der Marke ermöglichen, können jetzt die Markenprozesse permanent betrachtet und analysiert werden.

3.3.11.1 Business Activity Monitoring (BAM)

Die markenrelevanten Geschäftsprozesse eines Unternehmens können im Rahmen des Brand Managements fortlaufend analysiert und bewertet werden. Ein Mittel dazu ist das Business Activity Monitoring, das die Sammlung von Analysen und Präsentationen über aktuelle bzw. zeitrelevante Geschäftsprozesse ermöglicht. Es bietet detaillierte Informationen über den Status und die Ergebnisse von Aktivitäten, Prozessen und Transaktionen rund um die Marke. Auf dieser Grundlage können Probleme schnell erkannt und Entscheidungen rasch getroffen werden. Von daher kann ein gut organisiertes BAM der Marke einen echten Vorsprung im Markt verschaffen. Eine BAM-Lösung ist beispielsweise in der Lage, aktuelle Aussagen über den Zustand von Markenprozessen zu erstellen (Prozess überlastet, hohe Antwortzeiten aus Sicht der Endkunden, Überschreitung von zugesagten Lieferzeiten etc. pp.) und an die zuständigen Verantwortlichen weiter zu leiten.

BAM kann als eine Business Intelligence (BI)-Anwendung gesehen werden. Das Konzept und die Diskussionen zum Thema BI gehen bis in die 1950er Jahre zurück. Ab Mitte der 1990er war dann die Entwicklung von Software und IT-Umgebung an einen Punkt gelangt, an dem zumindest für große Unternehmen praktische Anwendungen möglich wurden. Heute sind derartige Lösungen praktisch für alle interessierten Unternehmen zugänglich.

Ziel von BI sind unternehmensspezifische Aussagen und Erkenntnisse, die z. B. marktadäquate strategische und operationale Entscheidungen für die Führung und das Management der Marke ermöglichen. Grundlagen hierfür ist ein geeignetes analytisches Konzept: So etwa durch die Festlegung von Key Performance Indicators (KPI) sowie eine

Software, die Daten über das eigene Unternehmen, die Mitbewerber, die Marktentwicklung und die Markenperformance (Touchpoints, Bekanntheitsgrad, Sympathiewerte etc.) auswertet. Das Grundproblem von BI liegt – ähnlich wie bei allen vergleichbaren Big Data-Konzeptionen einschließlich Brand Intelligence – darin, dass die Unternehmen zwar über eine ständig wachsende Masse an digitalen Daten verfügen, diese aber in unterschiedlichsten Formaten vorhanden und auf allen möglichen Servern und Datenbanken abgelegt sind. Mit dem passenden Data Mining Konzept (Extraktion der Daten z. B. aus dem Brand Management-System und ihre Transformation in ein Data Warehouse) sowie der dazugehörigen Software ist es heute möglich, derartige Hindernisse zu überwinden und an die gewünschten markenrelevanten Ergebnisse (Brand Knowledge Sharing) zu gelangen.

BI wie auch BAM setzen eine vergleichsweise hoch entwickeltes IT-Infrastruktur voraus. Neben BI-Instrumenten für die Frontend-Anwendungen werden auch Anwendungen im Backend benötigt.

3.4 Die neuen Strukturen aktivieren: Die Marke und ihr Management zum Leben erwecken

Bisher haben wir uns in diesem Kapitel vor allem mit der Implementierung und Organisation des Brand Managements befasst. Im vorliegenden Abschnitt geht es nunmehr darum, wie man die hiermit verbundenen Aufgabe pragmatisch angeht und welche Aspekte bei der Aktivierung der Aufgabenfelder des Brand Managements und seiner IT-gestützten Arbeitsgrundlage, dem Brand Management System, zu beachten sind. Zweck einer solchen Brand Activation ist es, die Marke zum Leben zu erwecken und das Brand Management – seine Struktur und sein System – auf die effiziente Steuerung und Kontrolle seiner Hauptaufgabenfelder einzustellen.

Natürlich kann unsere Darstellung der Brand Activation nicht vollständig sein, und sie kann auch nicht auf jede spezielle Situation eingehen. Dennoch glauben wir, dass es so etwas wie Kernkomplexe und damit verbundene Aktivitäten gibt, die beim „Anschalten“ eines zeitgemäß organisierten Brand Managements beachtenswert und nützlich sind. Es geht also um die initiale Aktivierung des Brand Managements und seines Systems: Wie lassen sich seine Strukturen – Rollen, Prozesse, Instrumente – von Anfang an so einsetzen und einstellen, dass eine strategisch wie operational erfolgreiche Markenkommunikation möglich wird, die den Brand Value und damit im Endeffekt den Unternehmenswert steigert? Wir haben diese Thematik ja bereits aus unterschiedlichen Perspektiven beschrieben. Jetzt geht es darum, einige grundlegende Ansatzpunkte des Brand Managements darzustellen und zu zeigen, was man in der praktischen Startphase der Einrichtung einer für Branding, Werbung, Marketing und die neuen Formen contentbasierter Markenkommunikation benötigte Organisation beachten sollte.

Die nachfolgend beschriebenen Aktivierung von Aufgabenfeldern des Brand Managements betreffen drei Kernfunktionen: Setting, Planning und Operating. Auf eine weitere zentrale Aktivität, das Monitoring, werden wir dann im letzten Abschnitt dieses Kapitels eingehen.

3.4.1 Setting: Das Basislager einrichten

Setting in Verbindung mit einem Brand Management bezeichnet die Grundeinstellungen, in der die Regeln und Vorschriften zur Wahrung der Brand Identity festgelegt sind. Das waren in der Vergangenheit Manuals, in denen die wichtigsten Informationen zum Erscheinungsbild, den Botschaften, dem Auftritt oder der spezifischen Kultur einer Marke festgeschrieben waren. Inzwischen handelt es sich hierbei eher um Templates, Anwendungen oder ganze Systeme, die den Brand Operators eine direkte Umsetzung ihrer markenspezifischen Kommunikationsaufträge ermöglichen. Im Fokus des Settings steht die formale Brand Identity und mit ihr die Konsistenz der Marke sowie der tragenden Elemente ihrer Kommunikation. Im herkömmlichen Verständnis betrifft das die Festlegung des Erscheinungsbildes der Marke – also ihr Corporate Design.

Ein derart fokussiertes Verständnis von Setting ist auf der einen Seite zutreffend, aber gleichzeitig auch in doppelter Hinsicht irreführend.

Denn es umfasst angesichts der Anforderungen, die an das Brand Management heute gestellt werden, weitaus mehr als ein klassisches Corporate Design: Die Konsistenz der Marke kann heute, wie wir gezeigt haben, nur gewährleistet werden, wenn der jeweils passende Content der Markenkommunikation die einzelnen Touchpoints der Marke erreicht und so zur Inszenierung eines stimmigen und nachhaltigen Markenerlebnisses beiträgt. Setting schließt also durchaus das Corporate Design mit ein, ist gleichzeitig aber auch sehr viel mehr. Es geht um die Schaffung einer konsistenten und dabei veränderbaren Brand Identity (Identität im Sinne eines Entwicklungsprozesses), die nach Lage der Dinge nur mithilfe eines Content Supply Management zu bewerkstelligen ist.

3.4.1.1 Die markentechnischen Voraussetzungen erfüllen

Damit die Kommunikation der Marke effektiv, ihr Management effizient und vor allem auch hinsichtlich des gewünschten Wertschöpfungsbeitrags der Marke funktionieren kann, müssen zunächst die markentechnischen und konzeptionellen Grundvoraussetzungen einer jeden Markenkommunikation geklärt werden. Konkret bedeutet das:

1. Die Brand Identity muss über die verbindliche Beschreibung des Markenprofils (Brand Profile) und seiner wesentlichen Bestandteile (Mission, Vision und Werte der Marke) definiert sein und die Marke von dieser Grundlage her positioniert werden.
2. Ferner sollte ein Kommunikationsleitbild oder zumindest ein Kommunikationskonzept existieren, in dem die wichtigsten Botschaften der Marke in Richtung ihrer Anspruchsgruppen (Stakeholder) formuliert sind.
3. Zudem ist eine Aufstellung hilfreich, aus der hervorgeht, welche Adressaten der Marke an welchen Touchpoints auf welche Art und Weise angesprochen und abgeholt werden sollten.
4. Relevant sind ferner juristische Gesichtspunkte wie z. B. Datenschutzgesetze, die von Land zu Land unterschiedlich sind bzw. unterschiedlich ausgelegt und umgesetzt werden.

Wie immer die Markenverantwortlichen diese und weitere markentechnische, konzeptionelle und juristische Aspekte klären und wie sie dabei vorgehen: Wichtig ist, dass man sich mit Blick auf die Marke klare Ziele setzt und die unternehmensspezifischen Anforderungen herausarbeitet, die von der Marke und ihrer Kommunikation an das Brand Management gestellt werden.

3.4.1.2 Hauptaspekte eines zeitgemäßen Settings

Wie muss ein Setting aussehen, das diesen Namen wirklich verdient und der Marke und ihren Aufgaben im 21. Jahrhundert angemessen ist? An erster Stelle ist es unumgänglich, dass eine verbindliche und praktikable Markenstrategie ausgearbeitet wird, die dem Brand Management die großen Ziele vorgibt. Nur wenn die Markenstrategie mit der Unternehmensstrategie abgestimmt ist, kann auf dieser gemeinsamen Basis das Brand Management auf klare Zielvorgaben eingestellt werden. Weiterhin müssen die beiden Hauptaspekte zur Sicherung und Entwicklung einer Brand Identity, das Corporate Design und das Content Supply Management, so konzipiert und dem Brand Management zur Verfügung gestellt werden, dass die aktuellen Anforderungen an eine effektive Markenkommunikation sowie eine ökonomisch erfolgreiche Markenführung erfüllt werden können. Es muss also klar sein, welche visuellen Signale und inhaltlichen Botschaften in die Brand Identity einzahlen, die Kommunikation beflügeln und an den Touchpoints nachhaltige Markenerlebnisse ermöglichen.

In seiner praktischen Konsequenz betrifft Setting demzufolge nicht nur die allgemeinen Rahmenbedingungen für eine wirksame Markenkommunikation, sondern die Gesamtheit der Aufgaben und Maßnahmen, dank derer die Voraussetzungen für eine zeitgemäße Markenführung auf der Basis einer konsistenten – und das heißt unter den heutigen Bedingungen: anpassungs- und wandlungsfähigen – Brand Identiy gewährleistet werden können.

3.4.1.3 Rückwirkungen auf das Corporate Design

Die Entwicklung der IT sowie der digitalen und interaktiven Medien und die damit einhergehenden Veränderungen in den Wahrnehmungsstrukturen und dem Kommunikationsverhalten der Menschen wirken sich direkt auf die Konzeption und Umsetzung von Corporate Design-Lösungen aus. Die Gestaltung folgt nicht mehr vorrangig allgemeinen stilistischen Trends oder irgendwelchen modischen Geschmacksvorstellungen, sondern rückt sehr viel enger, als das bislang Usus war, an die betreffende Marke und ihre Strategie heran und verknüpft dabei User Experience mit Brand Experience. Die Grundlage für ein zeitgemäßes Corporate Design ist die Brand Identity der Marke, die von ihm mit den Mitteln einer an den interaktiven Medien orientierten visuellen Kommunikation auf den Punkt gebracht wird. Die zunehmende Emotionalisierung der Markenkommunikation ist von ihrer Visualisierung nicht zu trennen – und eben diese generelle Visualisierung der Markenkommunikation wird von den digitalen wie den alten Medien immer weiter befeuert und beschleunigt. Ein Bild sagt mehr als tausend Worte – und, wie die Erfahrung der letzten Jahre lehrt, es kann auch sehr viel überzeugender lügen. Bei der Corporate Design-Entwicklung hat das u. a. dazu geführt, dass sich die Gewichte und Bedeutung der einzelnen CD-Elemente verschieben: Hatte früher das Logo die absolute Priorität, werden in der Zwischenzeit die Bildsprache oder andere Zeichen – die oft nur von besonders kundigen Betrachtern bzw. eingeschworenen Fans der betreffenden Marke decodiert werden können – immer wichtiger. Die Motive und Perspektiven von Fotos, der Schnitt und Rhythmus von Videos oder visuelle Botschaften wie die roten Sohlen einer Schuhmarke sagen oft mehr über eine Marke aus als ihr Logo. Mittlerweile werden Logos auch in der Dramaturgie einer Bildwelt selbst wie ein Bild eingesetzt, das z. B. die visuelle Markenbotschaft abschließt und bestärkt. Die aktuelle Dominanz der visuellen Kommunikation zeigt sich auch in der Ikonografie der Apps: Wenn die Symbole für Website, Smartphone oder Tablet gut gestaltet sind, weiß der Nutzer schnell und intuitiv, mit was oder wem er es zu tun hat – und sein Interesse und seine Kaufbereitschaft steigen. Gleichgültig, um was für eine Marke es sich handelt und welche Kommunikationsstrategie sie verfolgt: Die Vormachtstellung der visuellen Kommunikation wird immer stärker. Von daher nimmt der Stellenwert des Corporate Designs im Hinblick auf Markenstrategie, Markenkommunikation und Markenkonsistenz nicht etwa ab, sondern gewinnt weiter an Gewicht. Vom Standpunkt eines erfolgreichen Settings aus gesehen, mindert also die wachsende Relevanz des Content Supply Managements keineswegs die zentrale kommunikative Funktionalität des Corporate Designs. Es handelt sich vielmehr um zwei Aspekte, die miteinander eng verwoben sind und gleichzeitig beide weiter an Bedeutung gewinnen.

3.4.1.4 Setting und Content Supply Management

Ähnlich wie das Corporate Design ist auch das Content Supply Management an der betreffenden Markenstrategie und Brand Identity ausgerichtet. Content betrifft ja nicht nur die verbalen und rational-informativen, sondern vor allem auch die visuellen und emotional-affektiven Dimensionen der Markenkommunikation – also neben den Texten auch Bilder und Videos. Lange Zeit lag die Content-Erstellung für Marken in der Hand von Werbeagenturen. Auch diese arbeiteten nicht einfach ins Blaue hinein, sondern zogen für ihre Entwicklung von Markenbotschaften Produktinformationen, Produktpositionierungen, den berühmten USP (Unique Selling Proposition) als Alleinstellungsmerkmal des Marketings, Zielgruppendefinitionen oder Überlegungen zu einer passende Tonalität in Betracht. Das Problem der Werbeagenturen war (und ist es), dass sie dabei in Kampagnen (und damit ihrem ureigenen Hauptprodukt) dachten, Markenstrategien zunehmend mit Marketingkonzepten gleichsetzten und Branding für eine Angelegenheit des Corporate Designs hielten. Demgegenüber ist ein zeitgemäßes Content Supply Management direkt an der Marke, ihrem Erlebnispotenzial, ihren spezifischen Botschaften und Werten, ihrer Identität und ihrer Vision orientiert. Entscheidend für diese Neuausrichtung war allerdings nicht ein bewusster Entscheidungsprozess weg von der zielgruppenspezifischen Werbekampagne und hin zu einer interaktiven, individualisierten und erlebnisorientierten Markenkommunikation, sondern exogene

Einflussfaktoren wie die rasche Zunahme neuer Kommunikationskanäle sowie die rasante Vermehrung von Marken-Touchpoints infolge der Entwicklung der IT und der damit zusammenhängenden Digitalisierung der Medien.

3.4.2 Planning: Den Fokus auf Content legen

Der Paradigmenwechsel im Brand Management ist in erster Linie eine Folge der Digital Brand Transformation und hängt mit den neuen und veränderten Anforderungen der Markenkommunikation zusammen. Es ist nicht übertrieben, hier von einer Revolution zu sprechen. Warum? Im Kern ist es so, dass sich die Markenkommunikation weg von den klassischen Werbekampagnen und marketinggetriebener below-the-line-Kommunikation hin zu einer intensiven Brand Experience an den unterschiedlichsten Touchpoints der Marke verlagert. Hintergrund dieser Entwicklung ist die Neubestimmung der menschlichen Wahrnehmung und der dazugehörigen Kommunikationsmuster durch die allgegenwärtigen digitalen und interaktiven Medien und ihre Formate: Das Modell der Markenkommunikation wird heute durch den Brand Touchpoint repräsentiert – und der muss durch die Marke bzw. das Brand Management mit adäquatem Content beliefert werden.

Das ist nicht zuletzt eine Frage der adäquaten Organisation von Content-Generierung und Content-Distribution. Das Spektrum reicht hier von der Produktion bzw. dem Bezug (interne Entwicklungs- und Abstimmungsprozesse, aber auch das Zusammenspiel mit Content-Dienstleistern wie Agenturen) bis zur Auslieferung an die Touchpoints und einer stimmigen Integration der kommunikativen Reaktionen bzw. Beiträgen der Marken-Adressaten in das Gesamt-Szenario der Brand Communication.

3.4.2.1 Effektiv und ökonomisch planen und kontrollieren

Das Planning im Rahmen eines Brand Managements resp. Brand Management Systems befasst sich mit der bedarfsgerechten Planung, Koordinierung und Umsetzung der Markenkommunikation. Im Fokus stehen dabei die kommunikativen und ökonomischen Aspekte, mithilfe derer die strategischen und operativen Zielvorgaben der Marke und des hinter ihr stehenden Unternehmens realisiert werden können. Die strategische Komponente ist hierbei besonders bedenkenswert – ist sie doch ein zentrales Unterscheidungsmerkmal des Brand Managements gegenüber dem Marketing Ressource Management MRM. Wie wir gezeigt haben, betrifft der Planungsprozess heute in erster Linie das Content Supply Management und die Content Supply Chains, über die der passende Content zu den Brand Touchpoints transportiert wird. Historisch gesehen, kommen hier zwei unterschiedliche „Planning Philosophies" zusammen: Die ältere Planungstradition der Kommunikationsdienstleister wie Werbeagenturen und Designagenturen, und die neueren Planungsansätze der Unternehmen, für die exemplarisch die Erfolgsgeschichte des Enterprise Ressource Planning ERP steht. Entscheidend für die neue Qualität des Plannings im Brand Management ist seine methodische Breite, Tiefe und Reichweite: Der neue Planning-Prozess deckt im besten Fall die gesamte Markenkommunikation auf allen Kanälen und über alle Medien hinweg ab (d. h. die Gesamtheit der „alten" und „neuen" Content Supply Chains), zielt betriebswirtschaftlich auf die Optimierung des Markenwertes (Brand Value resp. Brand Equity) und damit des Unternehmenswertes und dient zudem auf der strategischen Ebene der Sicherung einer konsistenten Brand Identity in einem hochvolatilen Umfeld. Es liegt auf der Hand, dass angesichts der Komplexität einer solchen Aufgabe an der IT-Unterstützung der einzelnen Planungsprozesse wie auch des Gesamtprozesses kein Weg vorbei führt. Wie eine solche IT-Lösung konkret aussieht, hängt vom Umfang und der Qualität der Markenkommunikation ab: Das Spektrum reicht von einer konventionellen MRM-Anwendung bis hin zu einem großen IT-System, in dem eine Vielzahl von Anwendungen miteinander vernetzt sind.

3.4.2.2 Klassisches Planning der Agenturen

Die Historie des Plannings in Werbe- und Designagenturen ist in vieler Hinsicht auch die (Vor-)Geschichte der Entwicklung des Brand

Managements. Seine Anfänge reichen bis in das vorige Jahrhundert zurück. Ein erster wichtiger Ansatz war die Mediaplanung – also der Planungsprozess zur zielgruppenspezifischen Nutzung von Massenmedien wie Zeitschriften und TV für Werbung und Marketing. Planungskomponenten sind in diesem Fall u. a. Zielgruppen, Werbemittel und Werbeträger; für die Erfolgskontrolle werden Werte wie Reichweiten, Tausend-Kontakt-Preise TKP und Gross Rating Points GRP herangezogen. Die Mediaplanung war einst die Domäne großer Werbeagenturen, sie wanderte aber im Laufe der Zeit aufgrund der wachsenden Ansprüche der Kunden (Markenunternehmen), der Ausdehnung der Medienlandschaft (neue Kommunikationskanäle) und der Zersplitterung der Agenturszene immer stärker in spezialisierte Mediaagenturen ab.

Da die Marke für den Erfolg von Unternehmen und Organisationen zunehmend wichtiger wurde, sahen sich die Werbeagenturen sowie Designagenturen mit den Arbeitsschwerpunkten Corporate Design und Corporate Communication gezwungen, ihre markenbezogenen Planungsangebote zu erweitern. Diese Erweiterung erfolgte in zwei Phasen: Zunächst das Account Planning und später das Strategic Planning. Das Account Planning funktioniert kampagnenbezogen und befasst sich mit der Erstellung (Creative Briefing) und der Kontrolle der für die Kampagne maßgeblichen Kommunikationsstrategie. Faktisch ist sie die Antwort auf die Lasswellsche Frage: „Wer sagt was zu wem mit welcher Absicht und über welchen Kanal?" unter Einbeziehung der anfallenden Kosten, Termine und Medien. Im Strategic Planning, das als Disziplin zuerst von den großen englischen Werbeagenturen in der zweiten Hälfte des 20. Jahrhunderts eingeführt wurde, bezieht sich die Planung auf die gesamte Markenstrategie und kann als Reflex auf den immer lauter werdenden Ruf nach *Brand Orientation* interpretiert werden: Strategic Planning ist im Vergleich zum Account Planning also breiter und tiefer. Praktisch geht es darum, die Entwicklung der Brand Strategy als Prozess innerhalb der Organisation (in diesem Fall: einer Agentur) zu etablieren und so die notwendigen Mittel und Ressourcen zur Verfolgung der jeweiligen Markenstrategie gegenüber den Kunden verfügbar zu machen. Akteure dieses strategischen Managements sind spezialisierte Strategic Planner, die über die Marke hinaus auch die dazugehörige Unternehmensstrategie sowie den weiteren ökonomische und soziokulturelle Kontext im Blick haben. Größere Agenturen haben heute eigene Abteilungen, die mit Strategic Plannern besetzt sind. In der Tendenz wandert jedoch das Strategic Planning für die Marke immer stärker in das Brand Management der Markeninhaber (Unternehmen oder auch Organisationen bzw. Institutionen) ab.

3.4.2.3 Neuere Planningansätze in Unternehmen

Ein weiterer wesentlicher Einfluss auf den Ansatz und die Durchführung von Planungsprozessen im Brand Management hängen mit dem Siegeszug des *Enterprise Resource Planning ERP* in Unternehmen aller Branchen rund um den Globus zusammen. Wahrscheinlich ist es keine Übertreibung, wenn man sagt, dass das ERP die Unternehmensführung in den letzten zwanzig Jahren revolutioniert hat. Ziel und Aufgabe dieses Planungsansatzes – und der hierfür verwendeten Software bzw. der hierzu benötigten IT-Systeme – bestehen darin, die Ressourcen eines Unternehmens wie Kapital, Personal, Maschinen und sonstige Betriebsmittel, Material und IT bedarfsgerecht zu planen und zu steuern. Wichtig sind dabei vor allem zwei Aspekte: Die Effizienz des Wertschöpfungsprozesses sowie die stetige Optimierung der Geschäftsprozesse und betrieblichen Abläufe. Die Anfänge des ERP liegen im *Manufacturing Resource Planning,* also der Materialbedarfsplanung produzierender Unternehmen. Hier ging es darum, dass alle für die Fertigung eines Produkts benötigten Materialien zur richtigen Zeit in der benötigten Menge am dafür vorgesehenen Ort zur Verfügung stehen. Diese Kernaufgabe ist im Laufe der Zeit auf weitere Unternehmensbereiche wie z. B. Finanzen und Personal erweitert worden. Auffallend ist, dass Branding, Marketing und mit ihnen das Brand Management faktisch so etwas wie Nachzügler in der Professionalisierung der IT-gestützten Unternehmensplanung sind. Was auch immer die Gründe dafür sein mögen: Die Tatsache als solche wird wohl niemand bezweifeln, der diese Disziplinen aus eigener Erfahrung kennt.

Mit dem Siegeszug des ERP werden in erster Linie die großen – und für ihre Anbieter äußerst lukrativen – IT-Lösungen von SAP, Oracle, Sage und Microsoft NAV verbunden. Die Anregung, die hier mit Erfolg praktizierten Planungsansätze auch auf die Marke und ihre Kommunikation zu übertragen, geht auf die Unternehmensberatung Gartner zurück, die seit Ende der 1990er Jahre für eine solche Ausweitung plädierte. Praktisch war das die Geburtsstunde des *Marketing Resource Managements MRM.* Dass dieser Ansatz bis heute nicht den gewünschten Erfolg verzeichnen konnte, wird auch von den Protagonisten bei Gartner nicht bestritten. Was sind die Gründe für diese unbefriedigende Entwicklung? Wir glauben, dass MRM von Anfang an einige Geburtsfehler hatte, an der das Ganze bis heute krankt:

1) Man kann Kommunikation nicht (nur) aus dem Geist der Materialbeschaffung heraus planen. 2) Es ist verkehrt, die Marke und ihre Kommunikation auf Marketingkommunikation zu reduzieren. 3) Wurde das alte Problem einer kampagnenorientierten Planung (das Modell des klassischen Account Planning der Werbeagenturen) unkritisch auf das MRM übertragen – mit der Folge, dass die neue Praxis der Markenkommunikation – individuell, reziprok, touchpoint- und erlebnisorientiert – nicht hinreichend berücksichtigt werden konnte. MRM als Grundidee war und ist richtig und zeitgemäß. Doch einlösen lässt sich diese Idee erst in einem umfassenden Brand Management System, dass in seiner Planung operative und strategische Aspekte unter Berücksichtigung des veränderten Kommunikationsverhaltens der Menschen miteinander vereint und zugleich über die Organisation der Brand Value Chain die Optimierung des Brand Value resp. Brand Equity ins Visier nimmt.

3.4.2.4 Vier Ebenen des Planning

Die entscheidende Ausgangsfrage bei der Organisation eines Brand Management lautet: Was wollen, müssen und können wir in Bezug auf unsere Marke planen, wie bewerkstelligen wir das am besten und welche Ziele verfolgen wir dabei. So, wie die Marke heute funktioniert – und was ihre wachsende Bedeutung für die Wertschöpfung und den Erfolg von Unternehmen ausmacht – liegt es auf der Hand, dass das Planning und die dazugehörige Budget-, Zeit- und Ressourcenplanung auf unterschiedlichen Ebenen stattfinden muss.

- Die erste Ebene betrifft die operative Planung der Markenkommunikation. Wie wir gezeigt haben, steht hierbei nicht mehr die klassische Marketing-Kommunikation im Mittelpunkt, sondern eine agile, individuelle, situationsbezogene und reziproke Markenkommunikation, für die ein zeitgemäßes Content Supply Management der einzelnen Touchpoints der Marke (über die dazugehörige Content Supply Chain) benötigt wird.
- Die zweite Ebene betrifft die strategische Planung. Hier geht es um die Entwicklung, Stärkung und Stabilisierung der Marke und – wie wir meinen: nach wie vor ganz wesentlich – ihrer Brand Identity. Das hat vor allem mit der Sicht auf die Veränderungen im ökonomischen, sozialen und kulturellen Umfeld der Marke zu tun, die ihre Identität und deren Konsistenz beeinflussen bzw. infrage stellen und eine Anpassung bzw. Nachjustierung erforderlich machen.
- Eine dritte – und nach unserer Erfahrung ebenfalls entscheidende – Ebene des Planungsansatzes betrifft die wirksame Vernetzung der Planungsaktivitäten und der hier involvierten Akteure. Die Planungsansätze wie das gesamte Brand Management System müssen so offen und kollaborativ konzipiert sein, dass eine gemeinsame Nutzung und Zusammenführung relevanter Planungsinformationen möglich wird. Das ist vor allem für internationale Unternehmen mit ihren vielen Standorten wünschenswert, die von hier aus unterschiedliche Märkte bedienen, die eine an den jeweiligen kulturellen Kontexten ausgerichtete Markenkommunikation benötigen. Im Fokus dieses Systems steht allerdings immer die Marke und ihre übergreifende Identität, an der sich die gemeinsame Anstrengung aller Brand Operators zu orientieren hat. Das Planungssystem muss diese Gemeinsamkeit fördern und nicht bewusst oder unbewusst unterlaufen: Nur so kann auf Dauer eine nachhaltige Optimierung der Marke, ihrer Kommunikation und ihres Managements im Sinne einer erfolgreichen Brand Guardianship erreicht werden.
- Die vierte Planungsebene betrifft die Brand Value Chain. Hierbei geht es darum, die Planung der Markenkommunikation mit einem Monitoring abzugleichen, das möglichst früh Auskunft über die Wirksamkeit der einzelnen Kommunikationsmaßnahmen im Hinblick auf den Markenwert gibt. Ein effizient organisiertes Brand

Management macht temporäre Brand Audits überflüssig: Es richtet statt dessen an den dafür geeigneten Abschnitten der Markenprozesse Indikatorensysteme ein, die eine permanente Beobachtung der Prozesse und ihrer Auswirkungen auf den Brand Value ermöglichen.

3.4.3 Operating: Eine neue Routine etablieren

In ihrer Gesamtheit laufen die strategischen und operativen Aufgaben des Brand Managements auf einen Begriff hinaus: Brand Guardianship. Er ist die Antwort auf die Frage: Wie kann die Marke ihre Brand Identity unter den heutigen Bedingungen – rasante Veränderungen in den Märkten, fortlaufende Innovationen im Bereich der Technologien und Medien, neue juristische Regularien und veränderte Gesetze, massive Umbrüche bei den soziokulturellen Rahmenbedingungen – so sicherstellen und weiter entwickeln, dass diese Marke von Kunden, Investoren, Mitarbeitenden und Öffentlichkeit als attraktiv, liebenswert und glaubwürdig wahrgenommen wird? Und wie kann sie dabei auf den Brand Value einwirken und ihn erhöhen? Ein gut gestaltetes und professionell implementiertes Corporate Design liefert dazu eine erste visuelle Grundlage – aber das ist, wie wir gesehen haben, heute nur noch der kleinere (wenn auch nach wie vor relevante) Teil der Lösung. Der visuelle Markenauftritt muss durch ein Content Supply Management (Brand Content generieren und vorhalten) und die dazugehörigen Content Supply Chains (Brand Content gezielt distribuieren) ergänzt werden, die jeden einzelnen Brand Touchpoint kommunikativ angemessen und nachhaltig mit Blick auf den individuellen Adressaten (Kunde, Interessent, Investor, Mitarbeitender – wer auch immer) beliefert.

3.4.3.1 Operating und Brand Management System

Der Begriff Operating umschreibt die tägliche und routinierte Umsetzung des Brand Managements und seiner laufenden Markenprozesse. Die wichtigsten Voraussetzungen dafür sind, dass

1. Die hierfür nötigen Strukturen (Rollen, Prozesse, Instrumente) im Brand Management des Unternehmens eingerichtet und aktiviert worden sind.
2. Über das Setting (Corporate Design und Content Supply Management) eine tragfähige Grundlage für einen konsistenten visuellen Markenauftritt sowie eine touchpoint-spezifische kommunikative Ansprache gelegt worden ist.
3. Das Planning eine wirksame Planung und Kontrolle von Budgets, Zeit und Ressourcen der Marke und ihrer Kommunikation sowohl auf operativer als auch strategischer Ebene ermöglicht und den Wertschöpfungsbeitrag der Marke für das Unternehmen aufzeigt.

Operating im Rahmen des Brand Management Systems zielt darauf ab, identische und/oder sich ständig wiederholende Abläufe mithilfe des kollaborativen Arbeitsinstruments Brand Management Plattform systematisch in den Griff zu bekommen, um so die Kommunikationsprozesse effizienter zu machen. Um welche Abläufe und Prozesse es sich dabei konkret handelt, ist von Fall zu Fall bzw. von Marke zu Marke unterschiedlich. Davon einmal abgesehen gibt es immer Vorgänge, Maßnahmen und Hilfsmittel, die sich stark ähneln und demselben logischen Schema folgen. Nachfolgend beschreiben wir einige dieser immer wieder auftauchenden Anwendungsbereiche. Diese Beschreibung erhebt ausdrücklich keinen Anspruch auf Vollständigkeit, sondern soll vielmehr exemplarisch zeigen, wie Operating in einem Brand Management System funktioniert.

3.4.3.2 Umsetzen und integrieren

Der operative Fokus des Brand Managements und damit des Brand Management Systems und seiner Benutzeroberfläche, der Brand Management Plattform, liegt auf der Planung, Durchführung und Kontrolle von Aktivitäten zur Markenkommunikation, die sich mittlerweile weniger am Modell der Zielgruppe und dem Einsatz zielgruppenspezifischer Massenmedien, sondern zunehmend am Modell des Brand Touchpoints und der Inszenierung von zunehmend individuellen

Markenerlebnissen orientiert. Zu den klassischen Vorbereitungen und Maßnahmen für die Markenkommunikation zählen Aktivitäten wie die Erstellung von Briefings, Konzept- und Layout-Entwicklungen oder Übersetzungen. Hinzu kommen in wachsendem Maße Tätigkeiten wie die Bild- und Videobearbeitung, die Bereitstellung von markenrelevanten Inhalten bzw. touchpointspezifischem und individualisiertem Content sowie die hiermit verbundenen Produktions- und Distributionsaktivitäten.

Jeder, der schon einmal für die Markenkommunikation in einem größeren Unternehmen, einer Organisation oder einer Agentur gearbeitet hat, kennt die notorischen Schwachstellen in diesem Bereich: So gut wie jede Aktivität beginnt praktisch immer wieder bei Null, und die Informationen und Daten, die man für ein Briefing, eine Konzeptentwicklung oder auch nur eine einfache Umsetzung benötigt, sind oft unauffindbar – obwohl man weiß, dass sie eigentlich vorhanden sein müssten. Mit anderen Worten: Das Rad wird jedes Mal neu erfunden. Ein Großteil der Arbeit besteht darin, immer wieder die gleichen Routine-Prozesse von vorne zu beginnen, sie unter wachsendem Zeitdruck durchzuführen und bei alldem ewig zu suchen – und nur mit Glück das Passende zu finden.

Ein gut organisiertes Brand Management System schaltet diese beiden notorischen Schwachstellen von vornherein aus: Die für die tägliche Markenarbeit benötigten Informationen, Daten, Texte, Bilder, Videos Vorlagen etc. pp. müssen nicht mehr lange und zeitaufwendig gesucht werden, sondern sind über das Content Management – etwa über eine Verschlagwortung von Informationen und Dateien oder ein semantisches Netzwerk – auf Anhieb verfügbar. Und ein fortgeschrittenes System leistet noch mehr: Da die Arbeitsprozesse rund um die Marke im gesamten Unternehmens durch das System verfügbar sind bzw. auf der Brand Management Plattform abgebildet werden, können die Anwender ohne Probleme von den Vorarbeiten an anderen Standorten oder anderer Abteilungen profitieren. So wird es beispielsweise möglich, einen Produktprospekt, der sich vor allem mit technischen Informationen befasst und andernorts schon einmal realisiert wurde, als Vorlage zu übernehmen und nur noch einige Informationen zu aktualisieren, anstatt dieses Kommunikationsmittel von Grund auf neu zu konzipieren.

Eine solche „Verlängerung" und Nutzbarmachung von Informationen, Daten, Vorlagen, Templates usw. muss sich heute nicht mehr auf das Unternehmen, seine Abteilungen und deren Aktivitäten wie z. B. Sales oder CRM beschränken. Ein gut konzipiertes Brand Management System bietet inzwischen die Möglichkeit, praktisch alle markenrelevanten Lieferanten kollaborativ in die Arbeitsprozesse einzubinden. Das können etwa Agenturen, spezialisierte Social Media-Anbieter, klassische Druckereien oder auch Medien sein. Eine solche Integration externer Dienstleister beschleunigt die Arbeitsprozesse und trägt zur Kosteneinsparung auf beiden Seiten bei: Sowohl bei dem betreffenden Unternehmen und seiner Marke als auch bei ihren Lieferanten.

3.4.3.3 Das neue Grundschema der Markenarbeit

Die Arbeitsprozesse rund um die Marke befassen sich vorrangig mit der Markenkommunikation. Durch das Konzept der Touchpoints, die Konzentration auf das Markenerlebnis und seine Inszenierung, die zunehmende Dominanz der interaktiven Medien und die innovativen Optionen des Brand Management Systems hat sich das Grundschema der Markenarbeit tief greifend verändert. Im Mittelpunkt stehen nicht mehr klassische Werbekampagnen zur Stärkung des Markenimages und auch nicht mehr die Promotion-Aktivitäten below the line, die früher das Marketing befeuerten. Heute geht es primär darum, Markenerlebnisse so zu inszenieren, dass neue Kunden Interesse für die Marke entwickeln und möglichst bald ihre Leistungen in Anspruch nehmen oder einfach nur ihre Produkte kaufen, während bestehende Kunden möglichst lange gehalten werden sollten. Das erreicht man dadurch, dass die Marke und ihre Produkte resp. Leistungen, die regelmäßig genutzt oder konsumiert werden, gewissermaßen zum Partner, Freund oder Familienmitglied des Kunden werden.

Für die Markenarbeit heißt das: Auf der Grundlage von klaren kommunikativen und ökonomischen Zielvorgaben und einer Struktur im Unternehmen, die das Brand Management und seine Rollen (Verantwortlichkeiten), Prozesse (Workflows) und Instrumente (Anwendungen) regelt, geht es vor allem darum, die Attraktivität und

Wahrnehmbarkeit der Marke zu steigern, zu sichern und ihre Kommunikation an allen markenrelevanten Touchpoints vom Life-Event über TV und Website bis hin zu den Social Medias von Facebook oder Instagram und Snapchat (mithilfe der dazugehörigen Content Supply Chains) so wirksam und glaubwürdig zu inszenieren, dass die Identifikation der Kunden mit der Marke funktioniert und der Kauf ihrer Produkte einen größtmöglichen emotionalen und rationalen Nutzwert generiert. Die Entwicklung, Differenzierung, Abstimmung, Freigabe und Verfügbarmachung von markenrelevantem Content hat in diesem Schema einen hohen, ja entscheidenden Stellenwert. Der große Vorteil eines effizient organisierten und effektiv kommunizierenden Brand Management ist es, dass alle diese Anforderungen und Aufgaben mit Blick auf die Arbeitsprozesse über das System und auf der Plattform bereits vorgegeben und geregelt sind: Sie müssen nicht jedes Mal wieder aufs neue konzipiert, durchdacht und umgesetzt werden, sondern sind bereits systematisch erfasst und können so mithilfe nutzerfreundlicher und komfortabler Anwendungs-Software initiiert und wirksam bewerkstelligt werden.

3.4.3.4 Die Sicht des Brand Operators

Für den einzelnen Anwender liegen der zentrale Nutzen und Charme eines Brand Management Systems darin, dass für die eigene Arbeit auf einmal eine Vielzahl neuer relevanter und gut funktionierender Arbeitshilfen zur Verfügung steht. Das Spektrum dieses Angebots ist groß und weitet sich ständig aus: Es reicht von einfachen Hilfsmittel wie z. B. Formulare und Prozessbeschreibungen über Vorlagendateien und Dienstleistungsempfehlungen bis hin zu bedarfsorientierten Lösungen für das Projekt Management, das Digital Asset Management, Publishing, Übersetzungen, Abstimmungen und Freigaben, Content Supply usw. usf. Sie alle tragen dazu bei, die Arbeit des Brand Operators einfacher und produktiver, aber auch kreativer und spannender zu machen: Engagierte Mitarbeitende und Manager entdecken immer wieder neue Ansatzpunkte, wie man die Arbeit und mit ihr die Kommunikation der Marke weiter entwickeln und optimieren kann.

3.5 Messen und optimieren: Vom Monitoring zur Brand Intelligence

Im Zentrum eines Brand Management Systems stehen das Content Supply Management und die differenzierte, d. h. touchpointspezifische Distribution des Brand Content. Allerdings geht das aktuelle Aufgabenspektrum des Brand Managements über den Bereich einer hochgradig komplexen – weil im Endeffekt individualisierten und Stakeholder-Content integrierenden – Markenkommunikation noch hinaus. Denn neben einer wirkungsvollen Markenkommunikation sowie der Gewährleistung der Brand Identity muss es auch die ökonomische Performance und Nachhaltigkeit der Marke sichern. Diese Motive kommen im Begriff „Brand Guardianship" zum Ausdruck. Praktisch geht es darum, eine Support-Struktur zu etablieren, welche die Brand Identity umfassend schützt und die Leistungsfähigkeit der Marke beflügelt, zudem aber auch ihr weiteres Entwicklungspotenzial fördert. Hierzu zählen Maßnahmen auf den unterschiedlichsten Ebenen: So etwa Shared Services zur Qualitätssicherung und Effizienzsteigerung, Structured Creativity zur Vereinheitlichung von Content, aber auch Mittel und Wege in Richtung Früherkennung und Brand Intelligence. Structured Creativity bedeutet in diesem Fall die Trennung von Kreationsentwicklung einerseits und deren Umsetzung unter Einbindung entsprechender IT-Tools andererseits. Wir setzen dieses Modell seit über zehn Jahren erfolgreich in die Praxis um (Misof et al. 2013), lange bevor mit „Decoupling" nun wieder ein neues Buzzword in der Branche zelebriert wird (Amirkhizi 2016).

3.5.1 Monitoring: Die Markenleistungen messen und optimieren

Der laufende Betrieb eines Brand Management Systems generiert eine große und stetig wachsende Menge an Informationen und Daten aus den verschiedenen Bereichen der Markenführung und Markenkommunikation. Es liegt auf der Hand, dass durch eine Auswertung dieser Daten die Performance einzelner Aktionen (z. B. die Versorgung eines

Touchpoints mit adäquatem Content) wie auch die Performance komplexer Arbeitsprozesse des Brand Managements (z. B. Content Supply Management) gemessen werden können. Mehr noch: Es ist grundsätzlich auch möglich, die Effektivität und Effizienz der Prozesse selbst zu ermitteln und sie auf dieser Grundlage zu optimieren bzw. zu restrukturieren. Von daher geht es nicht nur um die stetige Optimierung der externen Markenkommunikation. Das Ziel muss auch immer die Optimierung der operativen Prozesse der Marke sowie ihre weitere strategische Entwicklung sein. Die entscheidenden Punkte bei der Messung der Effizienz von Markenprozessen ist erstens ihre Aktualität – jedes Management hat Interesse an einer zeitnahen bzw. tagesaktuellen Abbildung von Ergebnissen. Von daher lässt sich auch die These vertreten, dass Brand Audits im Grunde nicht mehr auf Höhe der Zeit sind, da sie normalerweise nur von Zeit zu Zeit erarbeitet werden und praktisch nur Momentaufnahmen der Vergangenheit der Marke sind. Der zweite Punkt neben der Aktualität betrifft die Relevanz: Auch hier gilt wie im Bereich des Planning, dass die Qualität der Key Performance Indicators (KPIs) über die Qualität der Analyse entscheidet. Und noch ein weiterer Aspekt steht beim Monitoring ganz oben auf der Agenda: Die Einfachheit, Klarheit und Übersichtlichkeit der Darstellung. Für eine zeitgemäße Ergebnisdarstellung hat sich nicht umsonst der Begriff des Dashboardings eingebürgert: Ein gut konzipiertes Armaturenbrett zeigt exakt die Informationen, auf die es im Moment gerade ankommt.

3.5.1.1 Key Performance Indicators

Wir haben schon öfters darauf hingewiesen: Das Brand Management ist ein organisatorischer und technologischer Nachzügler gegenüber den „großen IT-Lösungen" in Unternehmen wie z. B. Enterprise Ressource Planning (ERP), dem Customer Relationsship Management (CRM) oder dem E-Commerce. Diese Lösungen sind bereits seit längerer Zeit erfolgreich im Einsatz und ermöglichen dem Management beispielsweise einen tagesaktuellen Überblick über den Status der Produktion oder der Abverkäufe. Was die aktuelle Erfassung, schnelle Aufbereitung und übersichtliche Darstellung von Informationen anbelangt, liegt also die Latte für das Monitoring und Dashboarding des Brand Managements vergleichsweise hoch. Andere Lösungen haben Standards gesetzt, die der Spätkommer nicht immer aus dem Stand heraus erreichen kann. Dennoch: Die eben genannten Beispiele erlauben auch den Schluss, dass Monitoring im Rahmen eines Brand Managements kein unüberwindliches technisches Problem darstellen. Die Schwierigkeit liegt eher auf einer anderen Ebene: Man muss sich darüber im Klaren sein, welche Informationen und Auswertungen tatsächlich interessant sind, wie schnell und übersichtlich man sie darstellen will, und welche langfristigen strategischen Optionen in diesem Zusammenhang eine Rolle spielen. Das bedeutet: An der exakten Definition geeigneter Parameter bzw. *Key Performance Indicators (KPIs)* kommt das Monitoring eines Brand Managements nicht vorbei. Man muss ganz einfach wissen, was man wissen will.

3.5.1.2 Ergebnis-Performance-Analyse

Durch eine Ergebnis-Performance-Analyse lässt sich ermitteln, wie effizient einzelne Arbeitsprozesse im Brand Management ablaufen. Hierbei wird z. B. gemessen, wie viele Arbeitsschritte über welchen Zeitraum hinweg durchgeführt werden, um ein bestimmtes Ergebnis wie eine Content-Aktualisierung einer Website, einen Tweet oder eine Druckvorlage zu konzipieren und umzusetzen. Aus praktischer Perspektive kann das sowohl das Brand Management System selbst als auch die aufgesetzte Brand Management Plattform bzw. deren Schnittstellen betreffen. Derartige Analysen geben Auskunft darüber, wo eine Straffung von Prozessen oder eine Automatisierung von bestimmten Arbeitsschritten sinnvoll sein könnte. Jede derartige Messung setzt freilich voraus, dass der jeweilige Prozess, die gewünschten Ergebnisse und die dazu nötigen Mittel klar definiert sind. Interessanter als die Effizienz der einzelnen Prozesse, die normalerweise unproblematisch ist, ist die Messung von komplexeren Abläufen, bei denen einzelne Prozesse über Schnittstellen verbunden sind und als Module oder komplette Anwendungen in einem größeren Gesamtkomplex interagieren. Aus analytischer Sicht lassen sich Abläufe also sowohl aus singulärer Perspektive als auch in Form von Cross-over-Prozessen analysieren, evaluieren und vergleichen.

3.5.1.3 Prozess-Performance-Analyse

In einer solchen Untersuchung steht der Prozess selbst auf dem Prüfstand. Er wird nicht unter dem Aspekt der Effizienz bei der Erzielung seines Ergebnisses betrachtet, stattdessen es geht um seine Effektivität. Man geht also von der Frage aus: Was nutzt uns dieses Ergebnis, können wir im Hinblick darauf etwas besser machen, oder ist es vielleicht redundant oder schlichtweg überflüssig? Mit anderen Worten: Was hier ermittelt und analysiert wird, betrifft weniger die operative, sondern eher die strategische Dimension von Markenprozessen. Wir haben in Bezug auf die Einrichtung eines Brand Managements und seines Systems bereits darauf hingewiesen, dass sich auf dem Weg von der Identifizierung und der Analyse über die Standardisierung bis hin zur Automatisierung von Prozessen immer wieder neue Perspektiven und Gelegenheiten zur Vereinfachung, Optimierung und Neu-Modellierung bieten. Die Rahmenbedingungen verändern sich fortlaufend, und somit besteht auch andauernder Justierungsbedarf. Das kann man negativ – „wir müssen es schon wieder ändern!" – sehen, aber durchaus auch als Chance begreifen: Es ergeben sich fortlaufend Möglichkeiten, Prozesse neu zu strukturieren, neu zu vernetzen, ein weiteres Mal zu optimieren und als Unternehmen und Marke einen Vorsprung gegenüber den Wettbewerbern herauszuarbeiten.

3.5.1.4 Benchmarking und KPIs

Neben der Durchführung von Ergebnis-Performance-Analysen und Prozess-Performance Analysen ist es in vielen Unternehmen auch übliche Praxis, Benchmarks von vergleichbaren Maßnahmen zur Bewertung der eigenen Aktivitäten heranzuziehen. Solche Verfahren werden etwa in der Finanzindustrie angewandt. Methodisch laufen sie darauf hinaus, neben der Effizienz des Brand Managements und der Effektivität der Markenkommunikation vor allem die Performance an solchen Ansatzpunkten zu messen, die aus Sicht der Marke kurz- und mittelfristig von besonderer Relevanz sind. Das Monitoring kann allerdings auch unter diesem Aspekt nur dann die gewünschten Informationen und

Erkenntnisse liefern, wenn geeignete Parameter bzw. KPIs definiert worden sind. Derartige Kennzahlen bilden den Fortschritt oder Erfüllungsgrad von Zielvorgaben oder Erfolgsfaktoren ab. Klassische Beispiele für KPIs sind die Auslastung einer Maschine, der Umsatz pro Kunde, die Auswirkung von Kommunikationsmaßnahmen oder der Abverkauf eines Online-Shops im E-Commerce. Wie findet und definiert man geeignete KPIs für das Monitoring eines Brand Management Systems? Das ist auch eine Frage des Zeitpunkts: Wenn der Erkenntnisprozess weiter vorangeschritten ist, können aus ihm heraus informationsrelevante Indikatoren abgeleitet werden. Aber: Wenn das Monitoring noch am Anfang steht, müssen KPIs logischerweise zunächst vorgegeben werden.

Falls auch die Ergebnisse von Teilprozessen mit Indikatoren bedacht und die Abhängigkeiten und Wechselwirkungen der Prozesse untereinander betrachtet werden sollen, helfen KPI-Hierarchien, den Überblick zu wahren. Auf diesem Weg gelingt es, auch in sehr komplexen Szenarien Schwachstellen zu finden und zu optimieren. Die gewonnenen Erkenntnisse können dann etwa auf dem Weg eines Escalation Managements für eine Optimierung des gesamten Brand Managements oder für die Erarbeitung der strategischen Vorgaben der Marke mit herangezogen werden. Der Übergang in Richtung Business Intelligence bzw. Brand Intelligence ist in diesem Anwendungsbereich fließend: Ob man davon bereits heute sprechen kann, ist letztendlich nichts weiter als eine Frage der Definition.

3.5.2 Brand Performance und Brand Value Chain

Wie lässt sich ein aktuelles und relevantes Brand Monitoring methodisch am besten realisieren? Wir denken, dass die laufende Betrachtung der gesamten Brand Performance unter dem Aspekt der Wertschöpfung der Marke und ihre Messung in den Transition-Areas der Brand Value Chain ein probater Ansatz ist. Praktisch läuft das auch in diesem Fall auf die Definition und Anwendung einer geeigneten KPI-Hierarchie hinaus. Von hier aus können Rückschlüsse auf die Brand Performance gezogen und der Einfluss des Brand Managements, seiner Organisation und seiner Aktivitäten auf die Brand Performance frühzeitig erkannt werden. Die so erhobenen Messergebnisse lassen sich für ein kontinuierliches Monitoring, als Benchmarks wie auch zur Früherkennung von etwaigen Risiken nutzen. Die Entscheidungsfindung für die Markenführung und damit letztlich auch die Unternehmensstrategie wird durch die Anwendung von KPIs auf die Wertschöpfung der Marke auf eine solide Basis gestellt. Damit lässt sich sowohl die Reaktionsgeschwindigkeit als auch die Planungssicherheit für alle strategischen und operativen Aspekte des Brand Managements erhöhen.

Ein radikaler Perspektivwechsel.

Wie organisiert man sein Brand Management unter Berücksichtigung der Brand Value Chain? Die Antwort auf diese Frage fällt differenziert aus: Zunächst einmal muss das Brand Management für eine effektive Markenkommunikation sorgen – das ist seine Kernaufgabe. Der zweite Schritt betrifft die Wertschöpfung der Marke. Um sie zu verbessern, ist ein radikaler Perspektivwechsel nötig: Der Blick muss methodisch von hinten nach vorne ausgerichtet werden, weil nur aus dieser Sicht die Voraussetzungen für eine gute Brand Performance klar werden und darüber hinaus die Ansatzpunkte zur Optimierung des Brand Value identifiziert werden können (Abb. 3.9).

Die entscheidenden Ansatzpunkte für die Optimierung der Brand Value Chain sind die Management-Schnittstellen/Transition Areas Enabling und Execution. Was verbirgt sich hinter diesen beiden Begriffen?

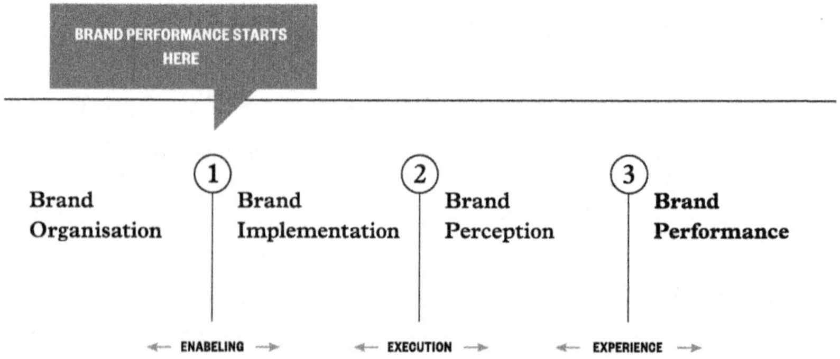

Abb. 3.9 Brand Value Chain

Enabeling betrifft die Befähigung zu einem gut organisierten Brand Management (Rollen, Verantwortlichkeiten, Markenprozesse und IT-Instrumente) und zielt auf die ersten wesentlichen Ansatzpunkte im Wertschöpfungsprozess der Marke und ihres Managements – die Qualität und Effizienz ihrer Organisation. Von hier aus werden die entscheidenden Weichen für die gesamte weitere Entwicklung gestellt. Je früher man in die Brand Value Chain eingreift, desto geringer ist der damit verbundene Aufwand, und desto nachhaltiger die Wirkung.

***Execution* befasst sich mit der praktischen Umsetzung der Markenkommunikation (Implementierung und Anwendung des CD, klassisches Kampagnenmanagement, Content Supply Management sowie – zunehmend und immer wichtiger – der Transport von markenrelevantem Content an die Touchpoints der Marke via Content Supply Chains).**

Die beiden frühen bzw. vorgelagerten Transition Areas in der Wertschöpfungskette der Marke erfordern die Definition von KPIs, die Auskunft über den Wirkungsgrad des jeweils nächsten Glieds in der Kette geben. Während fast alle Unternehmen mehr oder weniger regelmäßig die Wahrnehmung ihrer Marke durch die primäre Zielgruppe (Kunden) messen und einige auch die Qualität und Konsistenz der Touchpoint-Bespielung zumindest im Hinblick auf visuelle Aspekte untersuchen, werden die für den Wertbeitrag der Marke und ihrer Kommunikation so wichtigen Bereiche der Brand Organization und Brand Implementation (und die dazugehörigen Transition Areas Enabling und Execution) sträflich vernachlässigt. Es ist aber durchaus möglich und vor allem ausgesprochen sinnvoll, auch hier über Indikatoren den Wirkungsgrad zu messen.

3.6 Pragmatisches Fazit: Erste Schritte auf dem Weg zu Brand Innovation

Wie lauten die praktischen Antworten auf die Herausforderungen an Markenführung und Brand Management im Zeitalter der Digitalisierung? Natürlich stellt sich das von Fall zu Fall und von Markeninhaber zu Markeninhaber sehr unterschiedlich und spezifisch dar. Trotzdem wollen wir zum Abschluss dieses Kapitels einige Handlungsempfehlungen formulieren, die einer zeitgemäßen und erfolgreichen Markenführung den Weg bereiten sollen.

3.6.1 Die veränderte Ausgangssituation anerkennen

Die Welt hat sich durch die Digitalisierung umfassend verändert und macht für alle Protagonisten, die mit und für eine Marke arbeiten, einen radikalen Perspektivwechsel notwendig. Das konventionelle Sender-/Empfänger-Schema nach dem „Broadcast-Prinzip", aber auch der soziodemografische Zielgruppen-Ansatz des 20. Jahrhunderts sind hinfällig. Und der Marketing-Mix, ob nun mit den althergebrachten 4P oder mit den neueren 4M von Al Ries et al. (2016), ist nicht länger als Fahrplan zur Markenführung zu gebrauchen.

Alte Denkmuster und Kategorien blockieren oft Veränderungen, deren Notwendigkeit eigentlich offensichtlich ist. Das trifft für Unternehmen genauso zu wie für den Rest der Welt: Organisationen, Bildungseinrichtungen, Politik, soziokulturelle Milieus oder auch Familien. Der erste Schritt besteht daher immer darin, den eigenen Kopf frei zu machen, den Realitäten ins Auge zu schauen und sich den damit verbundenen Herausforderungen zu stellen. Die Marke, ihre Kommunikation und ihr Management verändern sich gegenwärtig radikal. Die Frage, die Unternehmen, Markenverantwortliche und Brand Operators in diesem Zusammenhang für sich beantworten müssen, lautet: Wollen wir in diesem Veränderungsprozess dabei sein? Denn nur dann sind wir auch in der Lage, ihn mitzugestalten.

3.6.2 Das Brand Management auf Brand Innovation fokussieren

Die Verbraucher nehmen neue Rollen ein, folgen veränderten Verhaltens- und Kommunikationsmustern und zwingen so die Markenunternehmen zum Umdenken. Was bedeutet diese aktuelle Entwicklung für die klassische Marke? Ist Facebook der Nabel der Welt? Retten Big Data mit Algorithmen, Korrelationen, Psychometrics und Mikro-Targeting das Marketing? Und was heißt das für die Marken? „Bei aller Digitalisierung hat sich aber eines nicht verändert: Die Markenbildung findet immer noch im Kopf statt und dieser Prozess folgt wissenschaftlich begründeten Gesetzmäßigkeiten. Auch in der digitalen Welt gilt es Aufmerksamkeit zu gewinnen, verbunden mit einer positiven Einstellung und emotionaler Bindung" (Manfred Kirchgeorg, HHL Leipzig Graduate School of Management, in FAZ 21.11.2016). Mit neuen Algorithmen und Big Data kann man Wahlen gewinnen und den Abverkauf von Produkten beschleunigen. Aber kann und wird das auf Dauer für den Erfolg einer Marke sorgen? Wir denken: Die Zeichen der neuen Zeit erkennen heißt nicht, das alte kurzfristige und „pushige" Marketing-Denken einfach in die veränderten Verhältnisse des 21. Jahrhunderts herüber zu retten.

Was wollen die Kunden? Anstatt mit permanenten Angeboten befeuert und manipuliert zu werden, will der markenaffine Mensch von heute an den Touchpoints der Marke individuell angesprochen werden, dabei positiv überrascht werden und eine Bestätigung hinsichtlich der Markenwerte finden – Markenwerte, mit denen er sich identifiziert, weil sie auch seine Werte sind. Von daher muss die neue Markengeneration „Brand Innovation" praktizieren, eine „better user experience to improve our lives" konzipieren und umsetzen und das Brand Management an den veränderten Verhältnissen und ihren neuen Herausforderungen ausrichten.

3.6.3 Brand Innovation für die eigene Marke vorantreiben

Wie kann und soll man die eigene Marke mit Blick auf das veränderte Umfeld neu ausrichten und organisieren? Die Antwort auf diese Frage sind keine abstrakte Definitionen, sondern die Benennung von und die Beschäftigung mit praktischen Ansatzpunkten, von denen aus die weitere Entwicklung der eigenen Marke angegangen werden kann. Das kann beispielsweise über interne (Online-) Fragebögen oder Interviews geschehen, deren Ergebnisse als Grundlage für einen initialen Brand Workshop genutzt werden können. Die Erfahrung zeigt, dass die Markenverantwortlichen und Brand Operators eines Unternehmens durchaus wissen, was die Stärken ihrer Marke sind, und wo es im Argen liegt. Dieser Weg ist zwar mühselig, aber in jedem Fall erfolgsversprechender als ein Aktionismus, der nur dem gerade angesagten Hype hinterher rennt.

Fast jeden Tag wird ein neuer Hype in der Marken- und Marketingwelt propagiert. Doch was davon ist längerfristig von Bestand? Es ist daher gut, einmal inne zu halten und sich auf die eigentliche Aufgabe von Markenführung und Band Managements zu besinnen. Unseres Erachtens sind 1. die Orchestrierung von Content, 2. „Design for Innovation" und 3. eine neue, silo-übergreifende Organisation des Brand Managements die entscheidenden Faktoren, die eine Marke voranbringen und zum Erfolg beitragen. Auf sie gilt es sich im Rahmen von Brand Innovation zu konzentrieren.

3.6.4 Content generieren und distribuieren

Der Entwicklung und Vorhaltung von Brand Content sowie einer gezielten und differenzierten Belieferung der Adressaten einer Marke mit Content kommen bei einer zeitgemäßen Markenführung Schlüsselrollen zu. Im Grunde sind unter den aktuellen Bedingungen die Orchestrierung – Produktion, Management und Distribution – von markenspezifischem Content die Kernaufgabe des Brand Managements. Marke ist Kommunikation, und Content ihr Botschafter: Logos. Bilder, Videos, Grafiken, Icons, Texte etc. Die Distribution von Brand Content orientiert sich inzwischen an einem Modell, dass in der Praxis (noch nicht vollständig) umsetzbar ist, aber als ideale Vorgabe in seiner Mischung aus technologischen und psychologischen Aspekten durchaus hilfreich ist: Eine zeitgemäße, contentbasierte Markenkommunikation richtet sich an definierte Mikro-Gruppen und/oder Individuen, die sie an diversen Touchpoints anspricht und in Form einer sog. Customer Journey immer intensiver in den Dialog mit der Marke einbindet. Auf dieser Reise wird Markenaffinität erzeugt und Identifikation gestiftet. Wie gesagt: Das ist das Ideal. Inwieweit dieses Idealmodell praktisch umgesetzt werden kann, hängt von Faktoren wie Big Data,

Psychometrics, Business Intelligence-Softwareanwendungen und deren gesellschaftliche, politische und juristische Akzeptanz ab. Hier ist noch vieles offen, aber der Trend ist klar.

Was die Generierung von Content für eine Marke anbelangt, gibt es drei Hauptquellen: 1) Informationen und Botschaften der jeweiligen Marke (z. B. Markenstrategie, Kommunikationsleitbild und eine Brandstory als Grundlagen des Storytellings). 2) Daten von Kunden, Nutzern und Stakeholdern (z. B. Social Media metrics, Website analytics, SEO, CRM oder auch klassische Mafo). 3) Informationen und Daten zu Kontext und Trends von Marke und Märkten (z. B. softe Informationen und harte Daten, die idealerweise vom Issue Management des Unternehmens für die Corporate Communication oder die PR aufbereitet werden). Die Content-Generierung darf sich also nicht nur am Sales Support orientieren, sondern die Marke möglichst umfassend reflektieren.

3.6.5 Design for Innovation

Aus unserer Sicht ist Brand Innovation auf zwei unterschiedlichen Bedeutungsebenen angesiedelt, die allerdings eng miteinander verknüpft sind. Zum einen geht es darum, die Marke, ihre Kommunikation und ihr Management angesichts der aktuellen technologischen und soziokulturellen Veränderungen umfassend zu erneuern und neu aufzustellen. Wir denken, dass zentrale klassische Begriffe und Funktionen wie „Brand Identity" nach wie vor von hoher Relevanz sind. Gleichzeitig aber muss sich die Marke den Herausforderungen des digitalen Zeitalters stellen und sich an Haupt und Gliedern erneuern. Da sich die Markenkommunikation im Kern verändert hat und weiterhin verändern wird – was vor allem den Online-Medien und ihrer zunehmenden Mobilität geschuldet ist – muss sich auch die Marke von Grund auf erneuern. Brand Innovation hat jedoch noch eine weitere Bedeutung. Hierbei geht es um die Auswirkung der Erneuerung der Marke auf den Markeninhaber – also das gesamte Unternehmen. In diesem Sinne ist Brand Innovation als Brand Driven Innovation zu verstehen: Das ist das Phänomen, dass sich in einem Begriff wie Brand Orientation oder der von uns beobachteten zunehmenden Verzahnung von Unternehmensstrategie und Markenstrategie wiederfindet (Roscam Abbing 2010).

Unter praktischem Aspekt geht es in diesem Zusammenhang darum, technologische und organisatorische Innovationen zu erkennen, zu prüfen und umzusetzen, damit sie zur Erfüllung des Markenversprechens beitragen können und die Effektivität und Effizienz der Marke und ihrer Kommunikation so weit wie möglich optimieren. Hierzu zählen beispielsweise neue Methoden wie das häufig zitierte „Design Thinking", bei dem es um eine konzentrierte, intensive, kreative und offene Zusammenarbeit von Menschen aus unterschiedlichsten Disziplinen geht – jenseits der herkömmlichen Strukturen (Silos) und Konventionen (Positionen) in Unternehmen. Wer beispielsweise die User Experience für den Online-Auftritt der Marke verbessern möchte oder eine Customer Journey konzipieren will, ist auf eine enge Kooperation von Programmierern, Entwicklern, Data Analysten, Marketingexperten und Brand Operators angewiesen, die wissen, was die Nutzer wollen und wie sie ticken. Um eine individuelle und – im Sinne der Marke – ergebnisorientierte Customer Journey durch die Touchpoints der Marke zu ermöglichen, reichen die klassischen Instrumente der Markenkommunikation nicht aus: Mit Brand Awareness allein ist heute keiner Marke mehr gedient. Die Frage ist vielmehr, wie sich eine intensive Markenaffinität der einzelnen Kunden oder Stakeholder herstellen und langfristig sichern lässt. Die Antwort darauf ist der richtige Mix von Content und Präsenz der Marke, der nicht „von Oben" durch das Unternehmen verordnet werden kann, sondern im individuellen Dialog mit dem Adressaten entsteht und zum gewünschten Ergebnis führen sollte: Der Kunde wird zum überzeugten Marken-Fan!

3.6.6 Organization follows communication

Das Brand Management muss sich auf die neuen Vorgaben und Verhältnisse einstellen, die sich aus der veränderten Markenlandschaft im digitalen Zeitalter ergeben. Wir haben diesen Prozess grundsätzlich weiter oben in diesem Kapitel vorgestellt. Im Folgenden möchten wir die wichtigsten damit verbundenen Aussagen unter praktischen Aspekten kurz darzustellen:

- Markenführung ist eine strategische Aufgabe. Von daher muss Brand Management sowohl strategisch als auch operativ funktionieren.
- Marketing ist nicht länger ein Silo: Es bekommt seine Zielvorgaben durch die Markenführung und ist organisatorisch ein Teil des Brand Managements.
- Um ein Brand Management einzurichten, muss die dazu nötige Struktur implementiert werden. Das betrifft primär Rollen (Rechte und Verantwortlichkeiten), Prozesse (auf strategischer wie operativer Ebene) und Instrumente (Softwareanwendungen, die den spezifischen Leistungsanforderungen der jeweiligen Marke entsprechen müssen).
- Entscheidend für den Erfolg dieses Implementierungsprozesses sind die Motivation und das Engagement der Mitarbeitenden. Sie müssen durch eine professionell konzipierte Change Communication abgeholt und mitgenommen werden.
- Die Effizienz einer Marke, ihrer Kommunikation und ihres Managements steht und fällt mit der Messung ihrer Leistungen und ihrer Performance.
- Die digitalen Online-Medien und hier insbesondere die mobile devices haben einen Paradigmenwechsel der Markenkommunikation bewirkt: Sie sind individuell, interaktiv, reziprok und in ihrer Wirkung durchgängig messbar. Alle diese Attribute muss eine Marke für sich nutzen.
- Generierung, Orchestrierung und feingranulare Distribution von Content (Brand Supply Chain) markieren das Zentrum der Brand Management-Aktivitäten.
- Der Erfolg von Markenkommunikation hängt heute direkt von der Qualität des Auftritts der Marke in Web und Social Media ab. Von daher sind ein attraktives Design, eine intuitive Navigation, eine starke User Experience und ein entsprechendes Behaviour Design so wichtig.

3.6.7 Checklisten erstellen und abarbeiten

3.6.7.1 Implementierung Brand Management

- Initiale Interviews mit Markenverantwortlichen und Brand Operators
- Verortung Brand Management in der Unternehmensorganisation (Etappen und Perspektiven) sowie Koordinierung und Austausch mit anderen Abteilungen
- Roadmap 1/Grobplanung des Implementierungsprozesses
- Rekrutierung und Einsetzung der Implementierungs-Teams mit unterschiedlichen Aufgaben (Change Communication, Prozessanalyse und –optimierung, IT-Entwicklung und Softwarebeschaffung, Koordination und Surveillance etc.)
- Workshop zum Prozess-Start
- Roadmap 2/Feinplanung des Implementierungsprozesses
- Konzeption und Start Change Communication
- Einrichtung und Betrieb Brand Change Portal
- Implementierung der neuen Struktur Brand Management: Rollen, Prozesse, Instrumente auf Basis der Roadmap
- Einrichtung und Betrieb Brand Management Plattform
- Testphase
- Realisierungsphase
- Measurement und Dashboarding
- Checks und Optimierungen

3.6.7.2 Aspekte Content Management

- Analyse und Bewertung Ist-Status Markenkommunikation: Online-Kommunikation, Werbung, Promotions, Corporate Communication, PR, CRM etc.
- Listing Kommunikationsmittel und Kommunikationskanäle: Print und E/Online
- Listing markenrelevante Touchpoints: Medien, Events, Locations etc.
- Start-Workshop Content Management

- Zielvorgaben Content Management
- Identifikation Content-Generierung: Kommunikationsleitbild, Brand Story/Nutzerdaten/Issue Management
- Beschaffung und Implementierung Content Management System/ Software
- Konzeption und Aufbau Content Supply Chains zu den Brand Touchpoints
- Konzeption und Meilensteine Customer Journey
- Entwicklung von Dialog-Strukturen und Storytelling zur weiteren Content-Generierung
- Optionen Optimierung Content-Entwicklung und -Distribution

3.6.7.3 Entwicklung Print- und Onlinemedien

- Analyse Ist-Status markenspezifische Print- und Onlinemedien
- Analyse Ist-Status sonstige Markenpräsenz: Events, Showrooms etc.
- Entwicklung aktuelles Kommunikations- und Medienkonzept: Marken-Botschaft(en), gegenwärtige Mediennutzung, zukünftige Mediennutzung
- Start-Workshop weitere Marken- und Medienentwicklung
- Listing und Dokumentation medienspezifische Markenbotschaften und Contentschwerpunkte
- Listing und Definition medienspezifischer Adressaten: Kunden, Mitarbeitende, Jobinteressierte, Investoren, Partner, Lieferanten, Meinungsbildner, Öffentlichkeit
- Web- und Appangebot: Adressaten, Content, Design, Übersichtlichkeit, Navigation, Aktualität, Kontaktmöglichkeit, Skalierbarkeit, UX/ UI
- Checks und Optimierungsoptionen: Website analytics, SEO, CRM, Mafo
- Social Media: Adressaten, Content, UX/UI
- Checks und Optimierungsoptionen: Social Media metrics
- Virtual Reality und Augmented Reality: Einsatzmöglichkeiten und Perspektiven

Literatur

Amirkhizi, M. 2016. Lufthansa bündelt Decoupling-Etat bei Serviceplan Solutions. *Horizont,* 15. Dezember.

Gromark, J., und F. Melin. 2011. The underlying dimensions of brand orientation and its impact on financial performance. *Journal of Brand Management* 18 (6): 397–410.

Henkel, S., T. Tomczak, J. W. Kernstock, und T.-O. Brexendorf. 2012. Das Behavioral-Branding Konzept. In *Behavioral Branding – Wie Mitarbeiterverhalten die Marke stärkt,* Hrsg. T. Tomczak, F.-R. Esch, J. Kerstock, und A. Herrmann, 485. Wiesbaden: Gabler.

Misof, G., M. Schwarz, und A. Breuing. 2013. *Brand Implementation – Wege zu einem effizientem Markenmanagement.* Frankfurt a. M.: Selbstverlag.

Ries, A. 2016. *Advertising age. Forget your Ps: Mind the four M's of marketing.* http://adage.com/article/al-ries/forget-ps-mind-ms-marketing/305712/. Zugegriffen: 5. Sept. 2016.

Roscam Abbing, E. 2010. *Strategies for development and design.* Lausanne: AVA Books.

Urde, M. 1999. Brand orientation: A mindset for building brands into strategic resources. *Journal of Marketing Management* 15:117.

4

Future – Tendenzen Und Perspektiven Der Marke Und Ihres Managements

Zusammenfassung Die Marke ist immer wieder einmal tot gesagt worden: Als Opfer der Staatswirtschaft, der Discounter, der Globalisierung, des Internets. Nichts davon hat sich je bewahrheitet. Im Gegenteil – The Brand ist im 21. Jahrhundert lebendiger denn je. Im Zuge der Digitalisierung von Wirtschaft und Gesellschaft sowie der damit einhergehenden Transformation von Kommunikation und Medien (ein sich zusehends professionalisierendes Brand Management nicht zu vergessen!) ist sie zu einem vitalen und lernfähigen Organismus mutiert, der sich den anhaltenden wirtschaftlichen, gesellschaftlichen und kulturellen Veränderungen virtuos anpasst und für die Menschen als Versprechen und Materialisierung eines erstrebenswerten Lebensstils zunehmend unersetzlich wird. Die Marke ist gewissermaßen zur Religion geworden – die sich gegenüber den anderen Religionen dadurch auszeichnet, dass sie ihr Heilsversprechen nicht erst in zukünftigen Zeiten und dem Verstand enthobenen Räume einzulösen vorgibt, sondern hier und heute liefert. Die Entwicklung der zeitgenössischen Marke und ihre besondere Stellung in Wirtschaft, Gesellschaft und Kultur der Gegenwart ist natürlich kein Argument dafür, dass sie auch in den kommenden Jahrzehnten ihre Bedeutung bewahren oder sogar noch ausweiten könnte.

G. Misof und M. Schwarz, *Innovatives Brand Management*,
DOI 10.1007/978-3-658-17325-8_4

Ungeachtet dessen deuten aktuell viele Anzeichen darauf hin, dass die beste Zeit der Marke wohl noch vor ihr liegen. Dafür sprechen zumindest einige gravierende ökonomische wie auch kulturelle und technologische Argumente. Wir wollen daher im letzten Kapitel unseres Buches einen Ausblick wagen, wohin die Reise der Marke in den kommenden Jahren gehen wird. Es ist klar, dass derartige Prognosen wie immer mit Vorsicht zu genießen sind. Auf der anderen Seite ist es heute so, dass in vielen Bereichen die Zukunft nicht mehr in weiter Ferne liegt, sondern gewissermaßen schon in der Gegenwart angelegt ist. Von daher ist es womöglich auch aus einem praktischen Blickwinkel heraus sinnvoll, über einige zukünftigen Perspektiven der Marke nachzudenken.

4.1 Marke und Globalisierung

Die moderne Marke, wie wir sie heute erleben, hat ihre historischen Ursprünge in der zweiten Hälfte des 20. Jahrhunderts – wenn man so will, die letzte große Epoche eines konsumorientierten und hedonistischen Westens. Vieles spricht dafür, dass dessen ökonomische und kulturelle Dominanz ihrem Ende entgegengeht. Neue Akteure erscheinen auf der Weltbühne, deren wirtschaftlicher und kultureller Einfluss im globalen Maßstab weiter wächst. Auf der anderen Seite hat es jedoch den Anschein, dass die neue Stärke von Ländern wie China, Korea, Indien oder nach wie vor auch Brasilien damit zusammenhängt, dass sie vom Westen und hier vor allem von der einzig verbliebene Großmacht, den USA, eine ganze Reihe von wirtschaftlichen und technischen Verfahren, Konzepten, Strukturen und Institutionen übernommen haben und sie in ihrem Sinne mit Erfolg weiter entwickeln. Die Marke gehört offensichtlich zu diesem historischen Erbe. Man denke nur an Samsung, Tata, Alibaba oder Huawei.

4.1.1 Ökonomische Vereinheitlichung und kulturelle Differenzierung

Die immer wieder aufbrandende Diskussion darüber, ob die Globalisierung nun wünschenswert sei oder nicht, ist mittlerweile müßig. Sie ist schlicht und einfach Tatsache – vor allem in der Finanzwelt und der Kommunikation, aber auch in den produzierenden Industrien. Jedes normale Automobil vom Kleinwagen bis zum Luxusgefährt setzt sich heute aus unzähligen Teilen, Komponenten und Systemen zusammen, die überall auf der Welt produziert werden. Bei jeder größeren politischen Krise wird uns die intensive Vernetzung der globalen Wirtschaft wieder vor Augen geführt: Ein jeglicher Boykott kann mit Gegenmaßnahmen beantwortet werden, die für die andere Seite schmerzhaft sind. Alles spricht dafür, dass sich die heutige Gewichtung der globalen Arbeitsteilung in den kommenden Jahren und Jahrzehnten weiter verschieben wird: Länder wie China, Taiwan oder Südkorea, die früher den Status einer globalen Werkbank hatten („Designed by Apple in California, assembled in China"), gewinnen an Eigenständigkeit und drängen mit eigenen Marken in die globalen Märkte.

Diese Entwicklung ist für uns ein Beleg dafür, dass der Prozess der Globalisierung nicht, wie man im Westen lange glaubte, auf eine Homogenisierung von Märkten und Kulturen hinauslaufen wird. Das deckt sich auch mit der empirischen Erfahrung von Marketeers und Brand Operators: Wer im Business Erfolg haben möchte, muss die Verhältnisse vor Ort genau kennen und seine Aktivitäten daran ausrichten. Selbstredend gibt es neben der wirtschaftlichen Globalisierung auch so etwas wie eine globalisierte Konsumkultur – doch die nimmt je nach Region, Kulturkreis und sozialer Stellung offenbar sehr spezifische Züge an. Zu Beginn der Ära der Globalisierung sah man das noch anders: Viele Neoliberale wie auch Neokonservative in den USA waren davon überzeugt, dass sich der American Way of Life inklusive der damit wie auch immer verbundenen kulturellen Werte und politischen Institutionen weltweit durchsetzen würde. Vielleicht nicht im altmodisch-störrischen Europa, dafür aber in den wirtschaftlich boomenden Schwellenländern. Offensichtlich war das eine Fehleinschätzung. Die Globalisierung entwickelte eine Eigendynamik, die gerade auch die USA erfasste und das Land veränderte – und das nicht unbedingt nur zu seinem wirtschaftlichen, gesellschaftlichen und kulturellen Vorteil. So erfolgreich gerade die jungen, innovativen amerikanischen Unternehmen und Marken wie Google, Apple oder Facebook global auch sein mögen: Auf der anderen Seite der Bilanz erscheinen Posten wie die von der Wall Street ausgehende Finanzkrise, der Verlust ganzer Industrien und zahlloser Arbeitsplätze, die rasante Erosion von Freiheits- und Bürgerrechten im Namen der nationale Sicherheit („It's for your Security") und damit ein Legitimitäts- und Glaubwürdigkeitsverlust der Marke USA, die militärisch zwar nach wie vor dominiert, politisch und moralisch aber zu einer auf ihre nationalen Interessen fixierte Großmacht unter anderen Großmächten schrumpft.

Die gesellschaftliche und kulturelle Homogenisierung der Welt nach westlichen Maßstäben infolge der wirtschaftlichen Globalisierung hat sich also als Illusion erwiesen. Im Gegenteil: Die Bestrebungen, sich national und regional zu profilieren und zu differenzieren, haben sich vielerorts verstärkt – in Asien, Afrika, dem islamisch geprägten mittleren Osten, Südamerika und selbst innerhalb von Europa. Hinzu kommen die wachsende Migrationsströme in Richtung Europa und Nordamerika, die zu einer neuen kulturellen und religiösen Vielfalt sowohl im Alltagsleben als auch in den Binnenmärkten der westlichen Hemisphäre geführt haben. Für die Marken, die als Kommunikatoren von Unternehmen dienen und sich dieser neuen Herausforderung stellen müssen, ist das eine anspruchsvolle Ausgangslage. Die Planung und Umsetzung von Markenkommunikation wird schwieriger und aufwendiger, weil sie sich neben dem klassischen Kommunikations-Know-how auf soziodemografischer und soziokultureller Basis zusätzliche interkulturelle Kompetenzen aneignen muss.

In dieser verzwickten Situation kommen die neuen digitalen und interaktiven Medien der Marke zur Hilfe. Durch die fortschreitende Individualisierung der Markenkommunikation, wie sie – zugegeben: bis jetzt noch mit zahlreichen Schwächen behaftet – z. B. bereits im Customer Relationship Management CRM der großen Marken oder bei Google Ads praktiziert wird, können kulturelle oder religiöse Gebote und Verbote aller Art gezielt berücksichtigt und einbezogen werden. Eine Kommunikationsstrategie, die in der Lage ist, mithilfe geeigneter Algorithmen auf das psychische Profil jedes einzelnen Kunden einzugehen und aus der Kenntnis von individuellen Wünsche, Hobbys und Präferenzen gezielt Verkaufschancen zu entwickeln, hat prinzipiell auch mit interkulturellen Anforderungen und Hürden keine Probleme. Mit anderen Worten: Die Marke kann mit der Globalisierung, so, wie sie ist und sich aller Voraussicht nach weiter entwickeln wird, sehr gut leben, solange sie medial und technisch auf Höhe der Zeit kommuniziert.

Der objektive Druck in Richtung einer technisch und soziokulturell avancierten Markenkommunikation ist – neben Aspekten wie Optimierung der Wertschöpfung und Steigerung von Effizienz – ein weiteres wesentliches Argument für die Einführung eines Brand Managements. Die Folgen der Globalisierung betreffen dabei nicht nur die Marken großer internationale Konzerne oder deutscher Mittelständler, die z. B. als Maschinenbauer in globalen Marktnischen unterwegs sind. Die Globalisierung geht auch jede kleine Marke an, die mit der neuen multikulturellen Vielfalt direkt vor ihrer Haustür konfrontiert ist. Das Brand Management schafft die Voraussetzungen dazu, dass die Marke an sämtlichen Touchpoints erfolgreich mit jedem einzelnen Kunden – Stichwort Customer Journey – kommunizieren kann: Heute und noch viel mehr morgen. Dabei stoßen starke Marken – Stichwort Brand-Driven Innovation – immer wieder Innovationen an, die sie in ihren angestammten oder auch neuen Märkten durchsetzen, und die sie dadurch verändern. Zugleich ist die Marke in der Lage, auf technische, kulturelle und psychosoziale Veränderungen rasch und angemessen zu reagieren. Somit steht sie glaubhaft – Stichwort Brand Identity – für die von den meisten Menschen ersehnte Kontinuität im Wandel. Weil die Marke über alle ökonomischen, sozialen, kulturellen und individuellen Unterschiede und Turbulenzen hinweg so gut und wirksam ihre Botschaft, Werte und Identität kommuniziert, tritt sie gegenwärtig gerade in eine neue und äußerst spannende Phase ihrer Karriere ein – und das im globalen Maßstab.

4.1.2 Die Welt der europäischen Marken

Die Zukunft der europäischen Marken ist unabhängig vom politischen Zustand der EU mit der besonderen Rolle des alten Kontinents im wirtschaftlichen und medialen Geflecht der globalisierten Welt von heute eng verknüpft. In den Schwellenländern wächst eine neue Mittelschicht heran, die über wachsende Kaufkraft verfügt. Sie verbindet mit Europa und seinen Marken Assoziationen wie Luxus, Design und Tradition.

Die traditionellen europäischen Marken zeichnen sich seit jeher durch so etwas wie eine konservative Grundtendenz aus – sie gehören zur Familie der zusehends globalisierten Mittel- und Oberschichten, zum Freundeskreis, begleiten die Menschen durchs Leben. Es wird in Zukunft noch mehr als schon heute die strategische Aufgabe der großen europäischen Marken mit globaler Reichweite sein, auf der einen Seite ihre Angebote technologisch und mit Blick auf die Produktqualität auf Höhe der Zeit zu halten, andererseits aber die mit der Marke verbundenen, spezifisch europäischen sowie nationalen Werte und Tugenden intelligent zu kultivieren und zu kommunizieren. Je nach Branche und Produktkategorie fällt diese Balance zwar unterschiedlich aus, sie sollte aber im Hinterkopf der Markenverantwortlichen stets präsent sein.

Wir haben allerdings die Erfahrung gemacht, dass wir mit dieser Sicht der Dinge bei vielen europäischen Unternehmen eher Abwehrreflexe hervorrufen. Daher ein paar Beispiele zur Untermauerung unserer Argumentation: Niemand wird die High-Tech-Kompetenz von Airbus bezweifeln. Der Erfolg dieser Flugzeuge hängt aber auch damit zusammen, dass ökologische Aspekte wie die Reduzierung des Kerosinverbrauchs und die Absenkung der Lärmemission von den Ingenieuren des Konzerns mit Nachdruck umgesetzt werden. Ökologie, Nachhaltigkeit und Ressourcenschonung sind weltweit anerkannte Werte auf der europäischen Agenda. Ein weiteres Paradebeispiel ist die deutsche Automobilindustrie: Ihre Premiummarken sind weltweit erfolgreich, und das hat nicht allein technische Gründe, sondern hängt mit dem gewachsenen Image dieser Marken, der „Ingenieurskunst" ihrer Konstrukteure, dem hohen Niveau ihres Designs und der Eleganz ihrer technischen Lösungen sowie der Qualität ihrer Fertigung zusammen. Auch ökologische Aspekte spielen hierbei eine Rolle – etwa geringerer Kraftstoffverbrauch und die Reduzierung von Schadstoffemissionen. So gesehen, ist der Dieselgate-Skandal von Volkswagen nicht nur eine technische Fehlentscheidung und offensichtlich auch ein ethisches Problem – bewusste Täuschung von Verbrauchern und Umweltschutzbehörden –, sondern darüber hinaus auch eine selbst verschuldete Demontage eines mit viel Geld und Aufwand aufgebauten positiven Markenimages, die den Konzern noch viel Geld kosten wird und ihn im schlimmsten Fall ruinieren könnte.

In schon fast idealtypischer Reinheit zeigt sich das spezifisch europäische Mischungsverhältnis von Luxus, Design, Effizienz und einem Touch Nostalgie bei Marken wie Ferrari, Lamborghini, Bentley, Aston Martin oder Rolls Royce, hinter denen heute bekanntlich zumeist die großen europäische Automobilkonzerne stehen. Sie alle leben vom Mythos ihrer Marke und sind zugleich auch technologische Spitzenleistungen. Allerdings: Sie sind deshalb noch lange nicht innovativ. Die Zukunft der individuellen Mobilität entsteht gegenwärtig offensichtlich anderswo – bei den neuen Elektroautos von Tesla, dem Driverless Car von Google oder den automobilen Visionen von Apple. Bisher haben die Europäer es immer wieder geschafft, technologisch nachzuziehen: Etwa mit der Option zum teilautonomen Fahren, die Mercedes Benz schon heute anbietet, oder der Vernetzung der neueren BMW-Modelle mithilfe des Mobilfunknetzes. Ob Europa auch in Zukunft technologisch mithalten kann, steht indessen auf einem anderen Blatt. Entscheidend für die ökonomische Zukunft des alten Kontinents werden aber in jedem Fall jene Marken sein, die – in welcher Form auch immer – mit „European Values" aufgeladen sind. Das kann neben den wohlbekannten Automobilmarken ein Grand Cru aus dem Médoc oder ein Fashion Label aus Schweden genauso wie ein Pariser Kosmetikkonzern oder ein deutscher Spezialmaschinenbauer sein, der für eine schmale industrielle Nische die weltweit beste Lösung liefert.

Ein interessantes Exempel für eine typisch europäische Markenphilosophie mit einer ausgeprägten Affinität zur deutschen Gefühls- und Gedankenwelt ist Manufaktum: Im gewissen Sinne eine produktgetragene Anti-Marke, die als warenkundliche Veranstaltung zelebriert wird und seit einigen Jahren im Besitz des Handelsriesen Otto ist, der die Positionierung und Kommunikationsstrategie seiner Portfoliogesellschaft allerdings nach Außen hin konsequent durchhält. Die Handelsplattform Manufaktum lebt von und durch ihre Produkte, die sie durch eine Aura hochwertiger Materialität und handwerklicher Herstellung zu veredeln sucht: solide, robust, schlicht und von Meistern ihres Fachs für die Ewigkeit gemacht – und dabei unbeirrt altmodisch und offenkundig unmodisch. Eigentlich müssten solche Produkte ja für sich selbst sprechen. Der Erfolg von Manufaktum hängt aber gerade damit zusammen, dass die Marke dieses „Für-sich-selbst-Sprechen" der Produkte in dicken

Katalogen und auf ihrer Website wortreich inszeniert. Zu jedem Produkt wird eine zu Herzen gehende Story erzählt – für die der deutsche Wohlstandsbürger gerne etwas tiefer in die vegetabil gegerbte Brieftasche langt. In mancher Hinsicht ist die urdeutsche Marke Manufaktum die Antwort auf die uramerikanische Brand Ralph Lauren. Hier wie dort lebt die Marke von einem nostalgisch gefärbten nationalen Mythos, den sie aus der Sehnsucht ihrer Kunden nach besseren, stabileren und entschleunigten Zeiten modelliert hat – die in Wahrheit in dieser idealtypisch-reinen Ausprägung nie existiert haben: Diesseits des Atlantiks eine bis ins Fundamentalistische gesteigerte deutsche Solidität und zünftig-bedächtige Handwerkermentalität, und auf der anderen Seite des großen Teichs eine sportive Eleganz und Lässigkeit einer „Lifestyle and Fashion Elite" mit Zweitwohnsitz in den Hamptons oder Aspen.

Die aktuelle Entwicklung in Europa deutet auf eine zunehmende politische Desintegration und ein Erstarken des Nationalismus in den Mitgliedsländern der EU hin. Auch wenn der Euro damit mittelfristig zur Disposition steht: Ob damit auch der gemeinsame europäische Markt vor seiner Abschaffung steht, ist eher unwahrscheinlich. Bemerkenswert ist in jedem Fall, dass die von etablierten Politikern vielzierte „europäische Wertegemeinschaft" in der politischen Wirklichkeit der Menschen offensichtlich keine große Rolle spielt – wohingegen sie in vieler Hinsicht durch die bedeutenden europäischen Marken vorgelebt uns inszeniert wird. Man kann das auch so interpretieren, dass sich Werte und die Orientierung an ihnen weg von großer Politik und Gesellschaft hin in Richtung Marken verlagert haben.

4.1.3 Branding made in the USA

Die weltweit erfolgreichsten Brands, die sich zudem durch einen besonders hohen Markenwert auszeichnen, sind nach wie vor in den USA beheimatet. Das war im 20. Jahrhundert schon so, und daran hat sich bis heute nichts geändert. Vergleicht man sie mit den traditionsreichen europäischen Marken, fällt sofort ein wesentlicher Unterschied ins Auge: Die betreffenden Unternehmen sind in der Regel jung. Das gilt vor allem für Marken der IT-Industrie: Allen voran der Gigant Google, aber auch Mega Brands wie Apple und Microsoft oder die Riesen aus der zweiten Reihe wie Oracle oder Cisco. Natürlich gibt es auch in dieser Kategorie Veteranen wie IBM, GE oder HP. Aber selbst hier hat man den Eindruck, dass sich diese Unternehmen und Marken rascher auf veränderte Marktanforderungen einstellen und sich schneller neu erfinden können, als das bei europäischen Konzernen wie z. B. Siemens oder Alstom der Fall ist.

Während also erfolgreiche europäische Marken vor allem mit Tradition resp. klassischen Werten aufgeladen sind, liegt der Fokus in Nordamerika klar auf Innovation. Daher ist dieses Modell auch der Liebling der neoliberalen und hier insbesondere der angloamerikanischen Ökonomenzunft, die den Erfolg von Unternehmen und das Wachstum von Volkswirtschaften vor allem auf Innovationen zurückführen, die mit Disruptionen aller Art und „kreativer Zerstörung“ alter Industrien einhergehen. Betrachtet man die Wirtschaftshistorie der letzten 200 Jahre in Amerika und Europa, spricht zugegebenermaßen einiges für dieses Schumpeter-Argument (1912). Es fragt sich allerdings, ob eine solche Betrachtung nicht andere Erfolgsfaktoren zu sehr vernachlässigt – allen voran die Marke als kommunikatives Erfolgsrezept. Bereits in der Managementtheorie von Peter F. Drucker, der sich direkt auf Schumpeter bezieht, spielt neben der Innovation die Gewinnung und Bindung von Kunden eine gleichberechtigte Rolle. Drucker ordnet den Komplex Kunden allerdings vollständig dem Marketing zu – was aus Sicht der zurückliegenden Jahrzehnte auch erklärlich ist. Wir meinen jedoch, dass die Marke und ihr spezifischer Zusatznutzen im Hinblick auf die kommunikative und emotionale Aufladung von Unternehmen, Produkten und Dienstleistungen in der Zwischenzeit einen neuen, wesentlich höheren Stellenwert einnimmt. Ein Paradebeispiel hierfür ist – sowohl aus amerikanischer wie globaler Sicht – die Marke Apple. Sie hat eine Vielzahl innovativer Produkte eingeführt und damit ganze Märkte neu generiert. Gleichzeitig ist ihr Brand Management bis hinein in das Produktdesign vorbildlich. Und die Kundenbindung trägt schon religiöse Züge. Wird der Erfolg von Apple nachhaltig sein? Wir sind da nicht sicher. Das hat nicht nur mit der charismatischen Figur von Steve Jobs zu tun, der bis zu seinem Tode das Image dieser Marke personalisierte und prägte. Sondern vor allem mit der amerikanischen

Unternehmens- und Markenkultur, in der zumindest in den Wachstumsindustrien innovative Aufsteiger, anders als in Europa, traditionelle und etablierte Unternehmen regelmäßig ausstechen. Man denke nur an die tragisch-komische Geschichte von IBM und Microsoft, bei der David wieder einmal über Goliath obsiegte – um anschließend selbst zum zunehmend unbeweglichen Giganten heranzuwachsen.

Die unterschiedlichen Markenkulturen und den USA und Europa werden übrigens auch in den theoretischen Diskussionen darüber deutlich, wie Marken prinzipiell funktionieren und in welche Richtung sie sich weiter entwickeln werden. In seiner jüngsten Veröffentlichung „Aaker on Branding – 20 Priciples That Drive Success“ (2014) rückt der amerikanische Branding-Papst David Aaker von dem zentralen Begriff der *Brand Identity* ab, der seit Jahrzehnten im Zentrum seiner Betrachtungen stand. An ihre Stelle tritt die *Brand Vision.* Wenn wir Aaker auf diesem Weg nicht folgen, hat das neben sachlichen Argumenten – der kognitiven und emotionalen Funktion der Identifizierung, Wahrnehmung und Wiedererkennung von Marken und ihrer Kommunikation durch ihre Stakeholder sowie die essenzielle wahrnehmungspsychologische Bedeutung der hiermit verbundenen Vorgänge für die Welt von heute – sicher auch mit der unterschiedlichen Sicht auf die Marke aus europäischem und amerikanischen Blickwinkel zu tun: Europa betont eher die identitätsstiftende Wirkung der Marke, während sie in Amerika primär als Innovationstreiber gesehen wird.

4.1.4 Markenperspektiven der Schwellenländer

Die wirklich spannende und in ihren Konsequenzen weitreichendste Entwicklung aus einer historischen Markenperspektive ereignet sich derzeit in den ökonomisch prosperierenden Schwellenländern. Unbestreitbar ist, dass Volkswirtschaften wie China, Korea, Indien und Brasilien ungeachtet ihrer jeweiligen strukturellen und konjunkturellen Probleme an weltwirtschaftlichem Gewicht gewinnen.

Mit Blick auf die Marke haben wir es hierbei offensichtlich mit zwei Welten zu tun. Da gibt es aufseiten des Konsums einer sehr kleinen, dafür ungewöhnlich reichen Oberschicht sowie einer rapide wachsende

Mittelschicht, deren Mitglieder als Konsumenten ausgesprochen markenaffin kaufen und agieren. Im Grunde ist das nichts Neues: Europäische Luxusmarken wie Louis Vuitton haben bereits in den vergangenen Jahrzehnten ihre höchsten Umsätze und Gewinne in Hongkong und Japan erzielt. Im Moment exportieren die deutschen Premium-Automobilmarken mehr Oberklasseautos in die von der kommunistischen Partei beherrschte Volksrepublik China als in die USA. Vor allem die ökonomisch erstarkenden Mittelschichten in Indien und China sind für europäische Luxusmarken wie für die amerikanische IT-Marken der Markt der Zukunft. Auf der anderen Seite geht es um die Frage, ob und wie die Industrien dieser Länder in Zukunft die Marke für sich selbst nutzen werden. China beispielsweise galt für lange Zeit als „die Werkbank der Welt“, auf der zu niedrigen Kosten nicht etwa nur billige Konsumartikel gefertigt werden, sondern auch High-Tech-Produkte wie Smartphones oder Tablets.

Es liegt auf der Hand, dass eine Arbeitsteilung bzw. Kooperation, wie sie momentan zwischen Apple (Designed in California) und Foxconn (Manufactured in China) herrscht, auf Dauer wohl keinen Bestand haben wird. China und Indien werden, ähnlich wie vor ihnen schon Japan und Südkorea, eigene starke Marken entwickeln und weltweit in die Märkte bringen. Die Frage ist, wie erfolgreich und nachhaltig ihre globalen Markenstrategien funktionieren werden. Sony ist ein Beispiel dafür, wie eine ehemals extrem erfolgreiche Marke über die Jahre hinweg an Image und Attraktivität verloren hat. Man kann zwar immer sagen: So, wie Unternehmen offenbar einem zeitlich begrenzten Lebenszyklus unterliegen, verhält es sich auch mit Marken. Doch sollte man nicht glauben, es handele sich hierbei um ein Naturgesetz. Wir sind der Überzeugung, dass das Brand Management inzwischen über Methoden und Möglichkeiten verfügt, die es in die Lage versetzt, Marken permanent zu innovieren und bei Bedarf auch neu zu erfinden. Es liegt an den Unternehmen überall auf der Welt, diese Chance zu ihrem Vorteil zu nutzen.

Der globale Aufstieg von vergleichsweise neuen Marken aus Schwellenländern wie Samsung, Lenovo oder Airtel kann als deutliches Indiz dafür gesehen werden, dass die Marke, ihre Kommunikation und ihr Management von Unternehmen weltweit dazu genutzt werden, ihren wirtschaftlichen Erfolg zu befeuern. Dabei ist es zweitrangig, ob es sich um junge oder alte Unternehmen, um Unternehmen in Privatbesitz oder Staatseigentum, um Unternehmen aus High Tech-Industrien, der Rohstoffförderung oder der Finanzindustrie handelt. In den aktuellen Diskussionen rund um die Fragen zur weiteren weltweiten Entwicklung neigen viele Teilnehmer dazu, die Globalisierung als wirtschaftliches Zusammenwachsen und auch als gesellschaftliche Alltagserscheinung anzuerkennen, demgegenüber aber auf wachsende kulturelle Differenzierungen hinzuweisen. Auf den ersten Blick scheint eine solche Einschätzung à la Huntington plausibel. Auf der anderen Seite sollte man aber nicht übersehen, dass es auch Phänomene gibt, die ungeachtet aller Unterschiede und Manipulationsmöglichkeiten auf eine kulturelle Vereinheitlichung hinwirken. Hierzu zählt – neben den Finanzmärkten, Satelliten-TV, Internet und Social Media – an erster Stelle die Marke. Wie auch immer: Die Marke ist ein wahrer Globalisierungsgewinner.

4.2 Zukunftsaspekte des Brand Managements

Wie sieht in diesem Szenario der globalen Karriere der Marke das Brand Management von morgen aus? Generell kann man davon ausgehen, dass Markenführung und Markenkommunikation in den kommenden Jahren anspruchsvoller, komplexer und dabei effektiver und effizienter werden. Das hängt ganz einfach damit zusammen, dass es erfolgskritische Herausforderungen gibt, denen sich die Marke stellen muss und die im Zeitalter des Digital Brandings und Digital Marketings ein strategisch effektives und operativ effizientes Brand Management erforderlich machen. Es gibt gegenwärtig eine Reihe von Anhaltspunkten, die man vergleichsweise einfach extrapolieren kann, um ein plausibles Bild der vor uns liegenden Jahre zu skizzieren.

4.2.1 Brand Orientation und Brand Management

Was ist die Aufgabe einer Marke? Die individuelle Antwort auf diese Frage fällt unterschiedlich aus – ein CEO wird sie anders beantworten als ein Controller, und ein Marketingleiter einen anderen Schwerpunkt setzen als ein PR-Spezialist oder ein Designer. Trotzdem gibt es unserer Ansicht nach zwei Kernaufgaben der Marke, die auch in den kommenden Jahren maßgeblich sein werden: Die Kommunikation der Leistung bzw. des spezifischen Leistungsspektrums (Produkt, Service, Support etc.) des Markeninhabers (Unternehmen, Organisation, Institution etc.) und die ökonomische Funktion der Marke als Asset und Werttreiber. Kurz gesagt: Es geht um Kommunikation und Wachstum.

Damit sind die beiden Aspekte genannt, die für die Marke und ihr Management und in den vor uns liegenden Jahren entscheidend sein werden. Marke ist in erster Linie Kommunikation. Und Brand Management somit Kommunikationsmanagement. Da die Marke aber auch zum entscheidenden Werttreiber der Unternehmen avanciert ist, muss auch dieser Aspekt im Brand Management hinreichend berücksichtigt werden. Ziel muss es also sein, die Brand Performance mit Blick auf den Brand Value bzw. Brand Equity möglichst effektiv zu organisieren.

In den Anfangstagen der modernen Marke – irgendwann zu Beginn des 20. Jahrhunderts – war zwar klar, dass Markenkommunikation – und das hieß zu jener Zeit: Reklame und sehr bald dann Markenwerbung – gut und nützlich ist. Das Problem war nur, dass sich die Wirkung dieser Werbung auf die Käufer zu dieser Zeit nicht exakt nachweisen ließ. Der berühmte Ausspruch von Henry Ford „Fünfzig Prozent des Gelds bei der Werbung sind immer rausgeworfen. Ich weiß nur nicht, welche Hälfte das ist," stammt aus diesen Jahren. Die damals aufkommende Verzahnung von Marketing und Werbung zielte zunächst darauf ab, über Definition, Analyse und Befragung von Zielgruppen der Werbung genauere Auskunft über die Wirksamkeit von Markenkommunikation zu erhalten. Das war allerdings recht aufwendig, entsprechend teuer und ungeachtet der Versprechungen der Anbieter dieser Methode nicht besonders effektiv. In späteren Jahrzehnten hoffte man, die Werbewirkung durch immer engere Einbindung der Werbung in das Marketing in den Griff zu bekommen: Aus Werbung wurde Marketing-Kommunikation, die im Kontext der berühmten 4 P (Product, Price, Place und eben Promotion) auf Effektivität ausgerichtet werden sollte. Doch praktisch war die Umbenennung von Werbung in Marketing-Kommunkation nichts weiter als ein Etikettenschwindel: Die alten Schwächen der Werbung – Trendsetting in Form von

Kampagnen, die nichts oder nur wenig mit der Marke und den dazugehörigen Leistungen zu tun hatten und in ihrer kommunikativen Wirkung obsolet blieben – konnten so nicht aus der Welt geschafft werden.

Das änderte sich erst mit dem Erfolg und der sprunghaft wachsenden Nutzung der neuen digitalen und interaktiven Medien, die der Marke und ihrer Kommunikation zu neuer Prominenz verholfen haben. Auf dieser Grundlage ist eine aussagekräftige Analyse der Wirkung von Markenkommunikation möglich geworden – mit der Google und Facebook viel Geld verdienen.

4.2.2 Marke, Individualisierung und Datenschutz

Der wesentliche Dreh- und Angelpunkt für die Organisation und Ausrichtung des Brand Managements von Morgen ist die Individualisierung der Markenkommunikation. Die Marke wird in Zukunft mit dem einzelnen Kunden – auch und gerade in B2C-Märkten – individuell gezielt und reziprok kommunizieren. Ein Großteil der Voraussetzungen dafür – Rechenzentren mit praktisch unbegrenzten Speicherkapazitäten, Big Data, psychometrische Modelle und Business Intelligence Software, erweiterte interaktive Optionen in Richtung User Generated Brand Content, mobile Internet-Geräte und Anwendungen – sind heute bereits vorhanden, werden u. a. von Google und Facebook erfolgreich vermarktet und von Amazon schon seit längerer Zeit mit Erfolg genutzt. Dass dabei der Anspruch auf eine intakte Privatsphäre auf der Strecke bleibt, ist ein Problem, dem sich die Marken stellen müssen – auch wenn Marc Zuckerberg das anders sieht und meint, Privacy sei doch nur ein altmodischer Wert wirklichkeitsfremder Nostalgiker. Dagegen ist zu sagen: Der Kunde hat ein Recht darauf, zu erfahren, wie die Marke an seine persönlichen Daten kommt und wie sie von ihr genutzt werden. Zugegeben: Aktuell interessiert dieses Recht nur eine kleine Minderheit. Aber das wird vermutlich nicht so bleiben. Die Ökologiebewegung zeigt, dass der Umweltschutz lange Jahre brauchte, um gesellschaftlich anerkannt zu werden. Vieles spricht dafür, dass dies auch beim Datenschutz der Fall sein wird. Der laufende Diskurs zur staatlichen Überwachung, der von Edward Snowden angestoßen wurde, ist erst ein Anfang. Auf die Unternehmen und ihre Marken werden ähnliche Debatten zukommen. Eine Zeitschrift wie der Economist, der wohl niemand so etwas wie eine wirtschaftsfeindliche Gesinnung vorwerfen würde, stellt ihren Special Report im September 2014 unter den Titel: „Surveillance is Advertising Industry's New Business Model". In den dazugehörigen Artikeln wird nicht etwa den Agenturen oder IT-Anbietern, sondern den Markeninhabern empfohlen, sich dieses Problems ernsthaft anzunehmen (Economist 2014).

4.2.3 Die Zunahme von Touchpoints

Die Zahl der Touchpoints, an der sich Marke und Kunde real und/oder virtuell begegnen, wird weiter zunehmen. Zudem wird sich die Kommunikation an und über diese Touchpoints qualitativ intensivieren: Ziel ist eine Brand Experience, ein Markenerlebnis bzw. dessen Inszenierung über eine Customer Journey, die die Teilnehmer emotional involviert und sie in eine mentale Situation versetzt, in der sie der Marke, ihren Leistungen und Angeboten anders und offener als im normalen Alltag gegenüberstehen. Die Zunahme der Touchpoints ist an erster Stelle der IT geschuldet. Es wird eine Vielzahl neuer Wege und Möglichkeiten geben, an denen die Marke mit ihrem Kunden kommunizieren kann: Z. B. durch individualisierte Wegeleitung und Markennavigation per Smartphone in einer Shopping Mall, neue interaktive Optionen bei TV-Spots oder innovative Augmented Reality-Lösungen für das Shopping in der City. Diese Beispiele zeigen, was das Management der Touchpoints so komplex macht: Für jede dieser Aktivitäten muss der nötige Content entwickelt und in geeigneter Form zur Verfügung gestellt, die User Experience optimal eingestellt, die individuelle Customer Journey inszeniert und der Response die Markenkommunikation und das Brand Monitoring adäquat genutzt werden.

Generell bedeutet die zunehmende Individualisierung der Markenkommunikation automatisch eine Zunahme von Touchpoints: Warum sollte man einem Kunstinteressierten oder einem Weinliebhaber eine neues Automobil nicht in einer Galerie oder über seine Lieblings-Web-Vinothek anbieten? Auch umgekehrt geht die Gleichung auf: Erfolgreiche Unternehmen und Marken werden weiter wachsen und vermehrt global präsent sein. So, wie Marken funktionieren und kommunizieren, ist die Sicherung einer globalen Brand Identity unverzichtbar (was hohen Aufwand bedeutet), während gleichzeitig auch hier die Zahl der Touchpoints weiter zunehmen wird. Betrachtet man die damit verbundenen Optionen unter qualitativen Aspekten, ist es offensichtlich, dass der Aufwand weiter steigt: Die Marke hat ein Interesse an einer intensiven, individualisierten Kommunikation, die möglichst schnell zum Kauf und langfristig zur Markenbindung führt. Die Frage ist, wie der damit verbundene Mehraufwand für das Brand Management bewältigt werden kann. Die Antwort ist klar: Über höhere IT-Kapazitäten und Software-Lösungen, dank der die Markenkommunikation – und zwar in ihrer individualisierten und reziproken Form – automatisiert werden kann. Schon heute kommunizieren wir immer öfter mit Chatbots, ohne das zu realisieren. In Zukunft wird das aller Voraussicht nach die Regel sein.

4.2.4 Brand Identity, Markenkonsistenz und Glaubwürdigkeit

Die Sicherung und Entwicklung der Brand Identity, die sich in einer kontextsensiblen Konsistenz des visuellen Markenauftritts und des gesamten Brand Contents manifestiert, bleibt unserer Einschätzung nach auch in Zukunft die zentrale strategische Aufgabe des Brand Managements. Marken haben in der Welt von heute eine orientierende, stabilisierende, erlebnisintensivierende und entlastende Funktion, die von den Menschen als Mehrwert erfahren wird. Auch wenn jeder von uns jeden Tag in sehr unterschiedliche Rollen schlüpft – im Job, in der Freizeit, in der Familie, im realen und virtuellen Sozialen Netzwerk, in seiner „Game Community“ – werden von der Marke eine Werthaltung verlangt, die auf zwei Attributen basiert: Konsistenz im Sinne von Selbstähnlichkeit sowie Glaubwürdigkeit. Diese Glaubwürdigkeit kann über unterschiedliche Markenwerte fixiert werden, die alle in eine ähnliche Richtung gehen: Authentizität, Wahrhaftigkeit, Zuverlässigkeit, Seriosität, Solidität. Die Substanz und mit ihr die kommunikative und soziokulturelle Bedeutung der Marke ist jedoch stets dieselbe. Angesichts von global verbreiteter Unsicherheit, politischen Krisen, sozioökonomischen Volatilitäten und nicht zuletzt unserer eigenen multiplen Identitätsstruktur suchen die Menschen Marken, die sie als guter und verlässlicher Partner, Freund, Familienmitglied durchs Leben begleiten.

Von daher wird sich das Bedürfnis nach einer intakten, d. h. im Kern stabilen und glaubwürdigen Brand Identity nicht etwa abschwächen, sondern in Zukunft noch verstärken. Auch für die Konsistenz der Markenkommunikation hat das klare Konsequenzen: Die visuelle Einheit und Einfachheit des Markenauftritts, der durch das Corporate Design geregelt wird, ist nach wie vor von erstrangiger Bedeutung. Hinzu kommt aber im Zeitalter der Touchpoint-Kommunikation auch das neue Konsistenzgebot für den Content. Das, was die Marke an der Gesamtheit ihrer Touchpoints kommuniziert, muss vom Inhalt und der Wertehaltung her glaubwürdig sein.

4.2.5 Interne Markenkommunikation

Markenführung, Brand Management, Unternehmensstrategie und Unternehmensleitung wachsen immer enger zusammen. Während die Marke für das Unternehmen unter betriebswirtschaftlichen (Unternehmenswert) wie kommunikativen Gesichtspunkten (Kundengewinnung und Kundenbindung) immer wichtiger wird, übernimmt das Brand Management fortlaufend neue Aufgaben sowohl in strategischer als auch operativer Hinsicht. Ein Beleg für die Plausibilität dieser These ist die Markenkommunikation nach innen: Flache Hierarchien, hohe personelle Fluktuation, projektbezogene Kooperation von fest angestellten Mitarbeitenden und externen Spezialisten untergraben faktisch seit Jahren die Instrumente klassische Mitarbeiterführung. Diese läuft zunehmend über die Marke: ihre Kommunikation, ihre Arbeitsplattformen, ihre Werte und Normen.

Ein weiteres Feld, das besonders für mittelständische Unternehmen immer relevanter wird, ist das Employer Branding. Mittelständische Unternehmen stehen mit den Konzernen in wachsendem Wettbewerb, was qualifizierte Mitarbeitende und vor allem auch den Nachwuchs anbelangt. Eine bekannte und glaubwürdige Marke ist für das Recruitment ein echter Vorteil.

Angesichts der wachsenden Bedeutung der Marke für Unternehmen ist es eigentlich verwunderlich, dass sich bisher nur sehr wenige Unternehmen zur Position eines CBO – Chief Brand Officer – durchgerungen haben. Aber vielleicht ist der CEO von Morgen ja in Wahrheit vor allem ein CBO.

Fazit

Sowohl die laufenden Veränderungen in der Markenkommunikation als auch die Zukunft des Brand Managements sind ohne die Entwicklung der IT und alles, was dazugehört, nicht denkbar. Touchpoints, Brand Experience, interaktive Optionen, Individualisierung und Automatisierung der Markenkommunikation, Content Supply Chain Management, Brand Monitoring und vieles mehr hängt in erster Linie an der Technik, ist von ihr abhängig und durch sie geprägt. Die Frage liegt auf der Hand: Ist das Brand Management der Zukunft in Wahrheit nichts anderes als ein wie auch immer gearteter IT-Job?

Die Antwort auf diese Frage ist weder einfach noch eindeutig. Die menschliche Zivilisation hat offensichtlich ein Stadium erreicht, in der sich allem Anschein nach die zunehmend komplexen Problemlagen nur noch mit Mitteln der Technik lösen lassen. Das gilt für ökologische Aufgabenstellungen genauso wie für den Bereich Security: Hier ein neuer Filter, dort eine weitere Videokamera, Software zur Gesichtserkennung und die Erfassung und Speicherung aller möglichen biometrischer Daten. Auch die medizinische Prävention und Therapie und mit ihr letztendlich unsere gesamte Körperlichkeit werden konsequent von den großen IT Brands vereinnahmt. Ähnliches gilt für die Kommunikation: Der Austausch mit anderen Menschen bis hin zu unserer Wahrnehmung von Realität läuft primär über technische Medien, Vorrichtungen und Geräte. Hin und wieder beschleicht uns eine dunkle Ahnung, dass das für die Zukunft nicht alles sein könnte. Wenn wir z. B. angesichts global schwindender Ressourcen und wachsender Umweltbelastungen neue angemessene Lösungen finden wollen, die das Attribut „Nachhaltigkeit" wirklich verdienen, müssen wir zunächst einmal uns selbst, d. h. unser Verhalten und unsere Gewohnheiten ändern. Technik kann uns dabei wirkungsvoll unterstützen, sie kann uns aber nicht die grundsätzlichen Entscheidungen abnehmen, welchen Werten wir folgen und welche Ziele wir uns setzen wollen. Es geht nicht nur darum, was wir können, sondern vor allem um das, was wir wollen. Das gilt auch für die Marke. Markenführung und Brand Management und die damit verbundenen kommunikativen und ökonomischen Funktionen und Optionen werden sich in Zukunft technisch zunehmend erweitern und verfeinern. Doch Kunden und Stakeholder werden eine Marke und ihre Leistungsangebote auf Dauer nur annehmen und ihnen folgen, wenn sie dem betreffenden Unternehmen und seiner Marke wirklich vertrauen. Die Ansprüche an Corporate Governance, Corporate Social Responsibility und vor allem auch an die Transparenz der Unternehmen hinsichtlich ihres Umgangs mit den Daten ihrer Kunden werden zunehmen. Für das Brand Management heißt das: Die Haltung und die Werte einer Marke müssen mehr als reine Worte sein, und es wird nicht genügen, die Brand Identity und die Konsistenz der Markenkommunikation lediglich technisch zu garantieren. Wer Glaubwürdigkeit, Authentizität, Zuverlässigkeit, Qualität und verantwortliches Handeln verspricht, muss das auch halten. Das Brand Management von Morgen wird penibel darauf achten müssen, dass die Werte der Marke tatsächlich gelebt und eingehalten werden. Das Brand Management der Zukunft ist Markenführung und Markenkommunikation auf technologisch aktuellem Niveau plus umfassend und glaubwürdig praktizierter Corporate Responsibility.

Literatur

Aaker, D. 2014. *On branding: 20 principles that drive success*. New York: Morgan James Publishing.

The Economist. 2014. Advertising and Technology. Von Stalkers, Inc.: http://www.economist.com/news/leaders/21616953-surveillance-advertising-industrys-new-business-model-privacy-needs-better. Zugegriffen: 13. Sept. 2014.

Schumpeter, J. 1912. *Theorie der wirtschaftlichen Entwicklung*. Berlin: Duncker & Humblot.

Weiterführende Literatur

Aaker, D. A. 1990. Brand extensions: The good, the bad, and the ugly. *Sloan Management Review* 1990 (Summer): 47–56.

Aaker, D. A. 1991. *Managing brand equity: Capitalizing on the value of a brand name*. New York: Free Press.

Aaker, D. A. 1996. Misconceptions about brands. *The Journal of Brand Management* 3 (4): 212–214.

Aaker, J. 1997. Dimensions of brand personality. *Journal of Marketing Research* 34 (8): 347–356.

Aaker, D. A. 2004. *Brand portfolio strategy. Creating relevance, differentiation, energy, leverage, and clarity*. New York: Free Press.

Aaker, D. A., und E. Joachimsthaler. 2000. *Brand leadership*. New York: Free Press.

Aaker, D. A., und K. L. Keller. 1990. Consumer evaluations of brand extensions. *Journal of Marketing* 54 (1): 27–41.

Aaker, J., V. Benet-Martinez, und J. Garolera. 2001. Consumptions symbols as carriers of culture: A study of Japanese and Spanish brand personality constructs. *Journal of Personality and Social Psychology* 81 (3): 492–508.

Abels, H. 2007. *Einführung in die Soziologie.* Die Individuen in der Gesellschaft, Bd. 2, 3. Aufl., Wiesbaden: VS Verlag.

G. Misof und M. Schwarz, *Innovatives Brand Management*,
DOI 10.1007/978-3-658-17325-8

Ahlert, D., P. Kenning, und D. Schneider. 2000. Das Wachstum der Handelsmarken – Ursachen und Zukunftsperspektiven. In *Handelsmarken,* (3. Aufl.) Hrsg. Bruhn, 243–260. Stuttgart.

Ailawadi, K. L., D. E. Lehmann, und S. A. Neslin. 2003. Revenue premium as an outcome measure of brand equity. *Journal of Marketing* 67 (10): 1–17.

Algersheimer, R., und A. Herrmann. 2005. Brand Communities – Grundidee, Konzept und empirische Befunde. In *Moderne Markenführung – Grundlagen. Innovative Ansätze. Praktische Umsetzungen*, 4. vollst. überarb. und erw. Aufl, Hrsg. F.-R. Esch, 747–764. Wiesbaden: Springer.

Alpert, L., und R. Gatty. 1969. Product positioning by behavioural life-styles. *Journal of Marketing* 33 (2): 65–69.

Amirkhizi, M. 2005. Suche nach der Weltformel. *Horizont* 2005 (6): 3–4.

Arnhold, U. 2010. *User-generated branding (UGB) – An exploration of a new field of study focusing on the effectiveness of participatory communication programmes*. Wiesbaden: Gabler.

Arnott, D. C. 1993. *Positioning: Defining the concept*. Coventry: Warwick University.

Arthur, B. 1988. Competing technologies: An overview. In *Technical change and economic theory*, Hrsg. G. Dosi, C. Freeman, R. Nelson, G. Silverberg, und L. Soete, 590–607. London: Pinter.

Attia, S. T., und G. Hooley. 2007. The role of resources in achieving target competitive positions. *Journal of Strategic Marketing* 15 (5–6): 91–119.

Azoulay, A., und J.-N. Kapferer. 2003. Do brand personality scales really measure brand personality. *Journal of Brand Management* 11 (2): 143–155.

Backhaus, K., und M. Bieling. 2005. Markenmigration. In *Moderne Markenführung – Grundlagen. Innovative Ansätze. Praktische Umsetzungen*, 4. vollst. überarb. und erw. Aufl, Hrsg. F.-R. Esch, 883–901. Wiesbaden: Springer.

Backhaus, K., B. Erichson, W. Plinke, und R. Weiber. 2011. *Multivariate Analysemethoden – eine anwendungsorientierte Einführung,* 13. Aufl. Berlin: Springer Gabler.

Barwise, P., et al. 1989. *Accounting for brands*. London: London Business School.

Bass, B. M. 1985. *Leadership and performance beyond expectations*. New York: Free Press.

Bass, B. M. 1990. From transactional to transformational leadership: Learning to share the vision. *Organizational Dynamics* 18 (Winter): 19–31.

Bauer, H. 1988. Marktstagnation als Herausforderung für das Marketing. *Zeitschrift für Betriebswirtschaft* 1988 (10): 1052–1071.

Bauer, H. H., S. Martin, und C. Albrecht. 2007. Interactive Marketing im Web 2.0+: Virales Marketing Operatives Markenmanagement als Weiterentwicklung des Empfehlungsmarketing. In *Interactive Marketing im Web*

2.0+. Konzepte und Anwendungen für ein erfolgreiches Marketingmanagement im Internet, Hrsg. H. H. Bauer, D. Große-Leege, und J. Rösger, 57–71. München: Vahlen.

Baumgarth, C. 1998. *Ingredient Branding: Begriff, State of the Art & Empirische Ergebnisse*, Arbeitspapier des Lehrstuhls für Marketing an der Universität Siegen, Siegen.

Baumgarth, C. 2003. *Wirkungen des Co-Brandings, Habil.* Wiesbaden: Deutscher Universitätsverlag.

Baumgarth, C. 2004. *Markenpolitik: Markenwirkungen, Markenführung, Markenforschung*, 2. Aufl. Wiesbaden: Springer.

Baumgarth, C. 2008. *Markenpolitik: Markenwirkungen – Markenführung – Markencontrolling*, 3. Aufl. Wiesbaden: Springer Gabler.

Becker, C. 2012. *Einfluss der räumlichen Markenherkunft auf das Markenimage: Kausalanalytische Untersuchung am Beispiel Indiens.* Wiesbaden: Springer Gabler.

Becker, J. 1996. Konzeptionelle Grundfragen der Positionierung. In *Positionierung Kernentscheidung des Marketing*, 1. Aufl, Hrsg. T. Tomczak, T. Rudolph, und A. Roosdorp, 12–26. St. Gallen: Thexis.

Becker, J. 2002. *Marketing-Konzeption: Grundlagen des ziel-strategischen und operativen Marketing-Managements*, 7. Aufl. München: Vahlen.

Bekmeier-Feuerhahn, S. 1998. *Marktorientierte Markenbewertung. Eine konsumenten- und unternehmensbezogene Betrachtung.* Wiesbaden: Gabler.

Belz, C., M. Schögel, und O. Arndt. 2008. Grenzen technologie-gestützter Kundeninteraktion. In *Interaktives Marketing – neue Wege zum Dialog mit Kunden*, Hrsg. C. Belz, M. Schögel, O. Arndt, und V. Walter, 3–20. Wiesbaden: Gabler.

Bender, G. 2008. Kundengewinnung und Bindung im Web 2.0. In *Web 2.0: Neue Perspektiven für Marketing und Medien*, Hrsg. B. Hass, G. Walsh, und T. Kilian, 173–190. Heidelberg: Springer.

Berekhoven, L. 1978. Zum Verständnis und Selbstverständnis des Markenwesens. In *Markenartikel heute – Marke, Markt und Marketing*, Hrsg. E. Dichtl, 35–48. Wiesbaden: Gabler.

Berger, H., R.-G. Willner, und M. Einhorn. 2007. Kundenorientierte Produktentwicklung am Beispiel des Audi Q7. In *Handbuch Produktmanagement*, Hrsg. S. Albers und A. Herrmann, 969–980. Wiesbaden: Gabler.

Berggold, C. 2000. *Unternehmensidentität: Emergenz, Beobachtung und Identitätspolitik.* Berlin: Verlag für Wissenschaft und Forschung.

Bielefeld, K. W. 2013. *Neurowissenschaft und Neuromarketing – Was kann die Hirnforschung zur effizienteren Markenführung beitragen?* Wiesbaden: Gabler.

Bieling, M. 2005. *Internationalisierung von Marken – Eine Analyse aus konzeptioneller und empirischer Perspektive*. Hamburg: Kovač.

Binder, C. U. 2005. Lizenzierung von Marken. In *Moderne Markenführung – Grundlagen. Innovative Ansätze. Praktische Umsetzungen*, 4. vollst. überarb. und erw. Aufl, Hrsg. F.-R. Esch, 523–548. Wiesbaden: Gabler.

Birkigt, K., M. M. Stadler, und H. J. Funck. 1998. *Corporate Identity: Grundlagen, Funktionen, Fallbeispiele,* 9. Aufl. Landsberg am Lech: moderne industrie.

Blackett, T., und B. Boad. 1999. Co-Branding. Houndmills: Macmillan.

Blader, R. F. 2011. Harnessing the power of social media. Vortrag CMO-Circle München, 17.11.2011.

Blankson, C., und S. P. Kalafatis. 2007. Congruence between positioning and brand advertising. *Journal of Advertising Research* 3:79–94.

Blankson, C., S. P. Kalafatis, J. M. Cheng, und C. Hadjicharalambous. 2008. Impact of positioning strategies on corporate performance. *Journal of Advertising Research* 48 (1): 106–122.

Blinda, L. 2003. Relevanz der Markenherkunft für die identitätsbasierte Markenführung. Arbeitspapier Nr. 2 des Lehrstuhls für innovatives Markenmanagement (LiM), Burmann, C. (Hrsg.), Universität Bremen, Bremen.

Blinda, L. 2007. *Markenführungskompetenzen eines identitätsbasierten Markenmanagements: Konzeptualisierung, Operationalisierung und Wirkungen*. Wiesbaden: Springer.

Boisot, M. H. 1995. *Information space. A framework for learning in organizations, institutions and culture*. London: Routledge.

Boisot, M. H. 1999. *Knowledge assets. Securing competitive advantage in the information economy*. Oxford: Oxford University Press.

Böttger, E. 2012. *Employer Branding – Verhaltenstheoretische Analysen als Grundlage für die identitätsorientierte Führung von Arbeitgebermarken*. Wiesbaden: Springer Gabler.

Bräutigam, S. 2004. Management von Markenarchitekturen – Ein verhaltenswissenschaftliches Modell zur Analyse und Gestaltung von Markenportfolios. Inauguraldissertation, Justus-Liebig-Universität Gießen.

Brakus, J. J., B. H. Schmitt, und L. Zarantonello. 2009. Brand experience – what Is It? How is it measured? Does it affect loyalty? *Journal of Marketing* 73 (3): 52–68.

Brandmeyer, K., und R. Schulz. 1989. Die Markenbilanz. *Marketing Journal* 22:360–363.

Brandtner, M. 2011. Einladung zum Markenfrühjahrsputz. *Absatzwirtschaft – Marken* 2011:30–33.

Braun, M., U. Kopka, und T. Tochtermann. 2003. Promotions – ein Fass ohne Boden. *Akzente* 27 (4): 16–23.

Breusch, A. 2008. *Customer-Equity-Management in einem dynamischen Wettbewerbsumfeld – Konzeption und Anwendung eines Customer-Equity-Wettbewerbsmodells.* Wiesbaden: Gabler.

Brexendorf, T. O., und T. Tomczak. 2004. Interne Markenführung. In *Verkauf – Kundenmanagement, Vertriebssteuerung, E-Commerce, Digitale Fachbibliothek, Sektion 03. 15, Personal und Führung,* Hrsg. S. Albers, T. Tomczak, und V. Hassmann, 1–26. Düsseldorf: Symposion.

Brockhoff, K. 1999. *Produktpolitik,* 4. Aufl. Stuttgart: UTB.

Brodie, R. J., J. R. Whittome, und G. J. Brush. 2009. Investigating the service brand: A customer value perspective. *Journal of Business Research* 62 (3): 345–355.

Brown, S., R. V. Kozinets, und J. F. Sherry. 2003. Teaching old brands new tricks: Retro branding and the revival of brand meaning. *Journal of Marketing* 67 (3): 19–33.

Bruhn, M. 2005. *Unternehmens- und Marketingkommunikation,* 1. Aufl. München: Vahlen.

Bruhn, M., und F. Eichen. 2007. Marken-Konsumenten-Beziehungen: Bestandsaufnahme, kritische Würdigung und Forschungsfragen aus Sicht des Relationship Marketing. In *Psychologie der Markenführung,* Hrsg. A. Florack und E. Primosch, 221–256. München: Vahlen.

Buchan, E., und A. Brown. 1989. Brand valuation and its role in mergers & acquisitions. In *Brand valuation – establishing a true and fair view,* Hrsg. J. Murphy, 75–89. London: Hutchinson Business Books.

Burkhardt, A., U. Gündling, und S. Wexers. 2008. *Status der internen Markenführung bei in Deutschland tätigen Corporate Brands: Ergebnisse einer empirischen Studie.* Eberbach: TAIKN Strategische Markenberatung.

Burmann, C. 1991. Konsumentenzufriedenheit als Determinante der Marken- und Händlerloyalität. *Marketing, Zeitschrift für Forschung und Praxis* 13 (4): 249–258.

Burmann, C. 2002. *Strategische Flexibilität und Strategiewechsel als Determinanten des Unternehmenswertes (zugl. Habilitationsschrift Universität Münster).* Wiesbaden: Deutscher Universitätsverlag.

Burmann, C. 2003. Customer equity als Steuerungsgröße für die Unternehmensführung. *Zeitschrift für Betriebswirtschaft* 73 (2): 113–138.

Burmann, C., und U. Arnhold. 2008. *User generated branding: State of the art of research.* Berlin: LIT.

Burmann, C., und L. Blinda. 2004. Identitätsbasiertes Markenmanagement. In *Integriertes Marken- und Kundenwertmanagement*, Hrsg. B. Wirtz und O. Göttgens. Wiesbaden: Gabler.

Burmann, C., und S. Boch. 2010. *Implikationen neuroökonomischer Forschungsergebnisse für die identitätsbasierte Führung von FMCG-Premiummarken*, Arbeitspapier Nr. 42 des Lehrstuhl für innovatives Markenmanagement (LiM) der Universität Bremen.

Burmann, C., und S. Hundacker. 2003. *Customer Equity Management bei kontinuierlichen Dienstleistungen. Eine empirische Anwendung*, Arbeitspapier Nr. 3 des Lehrstuhls für innovatives Markenmanagement (LiM), der Universität Bremen.

Burmann, C., L. Blinda, und A. Nitschke. 2003. *Konzeptionelle Grundlagen des identitätsbasierten Markenmanagements*, Arbeitspapier Nr. 1 des Lehrstuhls für innovatives Markenmanagement (LiM), Burmann, C. (Hrsg.), Universität Bremen, Bremen.

Burmann, C., D. Eilers, und F. Hemmann. 2010. *Bedeutung der Brand Experience für die Markenführung im Internet*, der Universität Bremen (Arbeitspapier Nr. 46 des Lehrstuhls für innovatives Markenmanagement (LiM)).

Burmann, C., D. Eilers, F. Hemmann, und B. Kleine-Kalmer. 2012. Authentizität in der Interaktion als zentraler Erfolgsfaktor der Markenführung in Social Media. In *Social branding*, Hrsg. A. Horx, A. Mertens, und M. Schulten. Wiesbaden: Gabler.

Chernatony, L. de. 2010. *From brand vision to brand evaluation*, 3. Aufl. London: Taylor & Francis.

Chernatony, L. de, und S. Cottam. 2006. Internal brand factors driving successful financial services brands. *European Journal of Marketing* 40 (5–6): 611–633.

Corsten, H. 1998. *Grundlagen der Wettbewerbsstrategie*. Stuttgart: Teubner.

Crimmins, J. C. 1992. Better measurement and management of brand value. *Journal of Advertising Research* 32 (7–8): 11–19.

Day, G. S. 1969. A two-dimensional concept of brand loyality. *Journal of Advertising Research* 9 (3): 29–35.

Deal, T., und A. Kennedy. 1982. *Corporate cultures – the rites and rituals of corporate life*. Reading: Addison-Wesley. Deutsche Ausgabe: Deal, T., und A. Kennedy. 1987. Unternehmenserfolg durch Unternehmenskultur, Bonn: Rentrop.

Dehanae, S., J.-P. Changeaux, L. Naccache, J. Sacker., C. Sergent. 2006. Conscious, preconscious, and subliminal processing: A testable taxonomy.

Trends in Cognitive Sciences 10 (5): 204–211. (o. w. A., veröffentlicht von Elsevier sciencedirect.com).

Denzau, A. T., und D. C. North. 1994. Shared mental models: Ideologies and institutions. *Kyklos* 47:3–31 (zitiert nach Bonus, H., Europäische Identität aus ökonomischer Sicht, Münster).

Dichter, E. 1966. How word-of-mouth advertising works. *Harvard Business Review* 44 (6): 147–166.

Dichtl, E. 1978. Grundidee, Entwicklungsepochen und heutige wirtschaftliche Bedeutung des Markenartikels. In Markenartikel Heute, Hrsg. C.-A. Andreae, 17–33. Wiesbaden: Springer Gabler.

Dickson, P. R., und J. L. Ginter. 1987. Market segmentation, product differentiation, and marketing strategy. *Journal of Marketing* 51:1–10.

Diez, W. 2006. Grundlegende Potenziale von Tradition im Markenmanagement. In *Die Bedeutung der Tradition für die Markenkommunikation*, Hrsg. N. O. Herbrand und S. Röhrig, 181–195. Stuttgart: Neues Fachwissen.

Diller, H. 1992. Euro-Key-Account-Management. *Marketing-ZFP* 14 (4): 239–245.

Diller, H. 1995. Kundenmanagement. In *Handwörterbuch des Marketing*, Hrsg. B. Tietz, R. Köhler, und J. Zentes. Düsseldorf: Schäffer-Poeschel.

Diller, H. 2001. Beziehungsmarketing. In *Vahlens Großes Marketinglexikon*, 2. Aufl, Hrsg. H. Diller, 163–171. München: Beck.

Domizlaff, H. 1951. *Die Gewinnung des öffentlichen Vertrauens. Ein Lehrbuch der Markentechnik*. Hamburg: Dulk.

Domizlaff, H. 1994. Grundgesetze der natürlichen Markenbildung. In *Handbuch Markenartikel*, Bd. 2, Hrsg. M. Bruhn, 689–724. Stuttgart: Schaeffer-Poeschel.

Douglas, S. P., C. S. Craig, und E. J. Nijssen. 2001. Integrating branding strategy across markets: Building international brand architecture. *Journal of International Marketing* 9 (2): 97–114.

Driel, H. van, und W. Dolfsma. 2009. Path dependence, initial conditions, and routines in organizations – The Toyota production system re-examined. *Journal of Organizational Change Management* 22 (1): 49–72.

Dubber, D. 1969. *Die Bedeutung des Markenartikels im Prozess der industriellen Entwicklung*. Berlin: Duncker & Humblot.

Ehrenberg, A., N. Barnard, und J. Scriven. 1997. Differentiation or salience. *Journal of Advertising Research* 37 (6): 7–14.

Einwiller, S. 2003. *Vertrauen durch Reputation im elektronischen Handel*. Wiesbaden: Gabler.

Einwiller, S., F. Klöfer, und U. Nies. 2008. Mitarbeiterkommunikation. In *Unternehmenskommunikation: Kommunikationsmanagement aus Sicht der Unternehmensführung*, Hrsg. M. Meckel und B. F. Schmid, 221–260. Wiesbaden: Gabler.

Eisend, M., und F. Küster-Rohde. 2008. Wirkung interaktiver Markenauftritte im Internet – Theoretische Grundlagen und empirische Ergebnisse. *Marketing ZFP* 28 (2): 99–115.

Eisenhardt, K. M., und J. A. Martin. 2000. Dynamic capabilities: What are they? *Strategic Management Journal* 21:1105–1121.

Erikson, E. H. 1950. Wachstum und Krisen der gesunden Persönlichkeit. In *Identität und Lebenszyklus*, Hrsg. E. H. Erikson, 55–122. Frankfurt a. M.: VS Verlag.

Esch, F.-R. 2004. *Strategie und Technik der Markenführung*, 2. Aufl. München: Vahlen.

Esch, F.-R. 2006. *Wirkung integrierter Kommunikation: Ein verhaltenswissenschaftlicher Ansatz für die Werbung*, 4. Aufl. Wiesbaden: Gabler.

Esch, F.-R. 2007. *Strategie und Technik der Markenführung*, 4. Aufl. München: Vahlen.

Esch, F.-R. 2008. Markenidentität als Basis für Brand Behavior. In *Behavioral Branding*, Hrsg. T. Tomczak, F.-R. Esch, J. Kernstock, und A. Herrmann, 35–46. Wiesbaden: Gabler.

Esch, F.-R., und G. Kiss. 2006. Wirkung interaktiver Markenauftritte im Internet – Theoretische Grundlagen und empirische Ergebnisse. *Marketing ZFP* 28 (2): 99–115.

Esch, F.-R., M. Fuchs, S. Bräutigam, und J. Redler. 2001. Konzeption und Umsetzung von Markenerweiterungen. In *Moderne Markenführung*, 3. Aufl, Hrsg. F. R. Esch, 755–791. Wiesbaden: Gabler.

Eysenck, H. J., und M. W. Eysenck. 1987. *Persönlichkeit und Individualität – Ein naturwissenschaftliches Paradigma*. München: Psychologie-Verlags-Union.

Feddersen, C. 2010. *Repositionierung von Marken – Ein agentenbasiertes Simulationsmodell zur Prognose der Wirkungen von Repositionierungsstrategien*. Wiesbaden: Springer.

Felfe, J. 2008. *Mitarbeiterbindung*. Göttingen: Hogrefe.

Ferrandi, J.-M., P. Valette-Florence, und S. Fine-Falcy. 2000. Aaker's brand personality scale in a French context – A replication and a preliminary test of its validity. *Developments in Marketing Science* 23:7–13.

Fichtner, H. 2008. Wirkungsmechanismen der Unternehmenskultur im strategischen Kompetenzmanagement. Dissertationsschrift an der Universität Bremen, Bremen.

Foscht, T., und B. Swoboda. 2011. *Käuferverhalten: Grundlagen – Perspektiven – Anwendungen,* 4. überarb. und erw. Aufl. Wiesbaden: Gabler.

Franzen, O. 1999. Strategisches Marken-Controlling für Finanzdienstleistungen. *Planung und Analyse* 1999 (6): 22–26.

Franzen, O., V. Trommsdorff, und V. Riedel. 1994. Ansätze der Markenbewertung und Markenbilanz. In *Handbuch Markenartikel,* Bd. 2, Hrsg. M. Bruhn, 1373–1402. Stuttgart: Schäffer-Poeschel.

Freiling, J. 2001. *Resource-based View und ökonomische Theorie – Grundlagen und Positionierung des Ressourcenansatzes.* Wiesbaden: Deutscher Universitäts-Verlag.

Freiling, J. 2004. Competence-Based View der Unternehmung. *Schweizerische Zeitschrift für betriebswirtschaftliche Forschung u. Praxis* 58:5–25.

Freter, H. 1983. *Marktsegmentierung.* Stuttgart: Kohlhammer.

Freter, H., und C. Baumgarth. 2001. Ingredient Branding – Begriff und theoretische Begründung. In *Moderne Markenführung,* Hrsg. F.-R. Esch, 317–344. Wiesbaden: Gabler.

Freundt, T. C. 2006a. *Emotionalisierung von Marken: Inter-industrieller Vergleich der Relevanz emotionaler Markenimages für das Konsumentenverhalten.* Wiesbaden: Deutscher Universitäts-Verlag.

Freundt, T. C. 2006b. *Verhaltensrelevanz emotionaler Markenimages – eine interindustrielle Analyse auf empirischer Grundlage.* Wiesbaden: Deutscher Universitäts-Verlag.

Frey, H. P., und K. Haußer. 1987. Entwicklungslinien sozialwissenschaftlicher Identitätsforschung. In *Identität. Entwicklungslinien psychologischer und soziologischer Forschung,* Hrsg. H. P. Frey und K. Haußer, 3–26. Stuttgart: Enke.

Fournier, S. M. 1998. Consumers and their brands : Developing realationship theory in consumer research. *Journal of Consumer Research* 24 (3): 343–373.

Füller, J., K. Matzler, und M. Hoppe. 2008. Brand community members as a source of innovation. *Journal of Product Innovation Management,* 25 (6): 608–619.

Füller, J., H. Mühlbacher, und M. Bartl. 2009. Beziehungsmanagement durch virtuelle Kundeneinbindung in den Innovationsprozess. In *Kundenorientierte Unternehmensführung,* Hrsg. H. H. Hinterhuber und K. Matzler, 197–221. Wiesbaden: Gabler.

Gerken, G. 1994. *Die fraktale Marke.* Düsseldorf: Econ.

Gerpott, T. J., und S. E. Thomas. 2004. Markenbewertungsverfahren: Einsatzfelder und Verfahrensüberblick. *Wirtschaftswissenschaftliches Studium* 33 (7): 394–400.

Gilmore, J. H., und B. J. Pine II. 2007. *Authenticity – what consumers really want*. Boston: Harvard Business Press.

Gladwell, M. 2001. *The tipping point – how little things can make a big difference*. New York: Back Bay.

Goffmann, E. 1959. *The presentation of self everyday life*. New York: Doubleday Anchor.

Goldberg, L. R. 1990. An alternative „Description of Personality“: The big-five factor structure. *Journal of Personality and Social Psychology* 59 (6): 1216–1229.

Goodyear, M. 1994. Marke und Markenpolitik. *Planung und Analyse* 3:60–67.

GotsiI, M., und C. Andriopoulos. 2007. Understanding the pitfalls in the corporate re-branding process. *Corporate communications* 12 (4): 341–355.

Grant, R. M. 1991. The resource-based theory of competitive advantage. Implications for strategy formulation. *California Management Review* 33 (3): 114–135.

Grant, R. M. 1996. Prospering in dynamically-competitive environments: Organizational capability as knowledge integration. *Organizational Science* 7:375–387.

Green, P. E. 1975. Marketing applications of MDS: Assessment and outlook. *Journal of marketing* 39 (1): 24–31.

Greve, G. 2011. Social CRM – ganzheitliches Beziehungsmanagement mit Social Media. *Marketing Review* 2011 (5): 16–21.

Gugutzer, R. 2002. *Leib, Körper und Identität – Eine phänomenologisch-soziologische Untersuchung der personalen Identität*. Wiesbaden: Westdeutscher.

Gummesson, E. 1987. The new marketing – developing long-term interactive relationships. *Long Range Planning* 20 (4): 10–20.

Güldenberg, H. G. 2000. Markenführung im Spannungsfeld zwischen lokalen und globalen Anforderungen. In *Markenführung im Spannungsfeld zwischen Rationalität, Emotionalität und Mythos – Aktuelle Herausforderungen und Erfolgsfaktoren*, Hrsg. H. Meffert, K. Backhaus, und J. Becker, 22–32. Münster: Wissenschaftlichen Gesellschaft für Marketing und Unternehmensführung e. V.

Günther, S. 2002. *Wahrnehmung und Beurteilung von Markentransfers – Erfolgsfaktoren für Transferprodukte und Markenimage*. Wiesbaden: Deutscher Universitäts-Verlag.

Gwin, C. F., und C. R. Gwin. 2003. Product attributes model: A tool for evaluating brand positioning. *Journal of Marketing* 11 (2): 30–42.

Haas, S. 2010. *Markenportfoliobereinigungen – Entwicklung eines Planungsprozesses zur Strategieformulierung*. Wiesbaden: Gabler.

Haedrich, G., T. Tomczak, und P. Kaetzke. 2003. *Strategische Markenführung: Planung und Realisierung von Markenstrategien,* 3. Aufl. Bern: UTB.

Han, S., D. Wilson, und S. Dant. 1993. Buyer-supplier relationships today. *Industrial Marketing Management* 22:331–338.

Hannan, M. T., und J. Freeman. 1977. The population ecology of organizations. *American Journal of Sociology* 82:929–964.

Hansen, P. 1970. Der Markenartikel – Analyse seiner Entwicklung und Stellung im Rahmen des Markenwesens, Betriebswirtschaftliche Schriften (BWS), Bd. 36.

Hansen, U., T. Henning-Thurau, und U. Schrader. 2001. *Produktpolitik: Ein kunden- und gesellschaftsorientierter Ansatz,* 3. Aufl. Stuttgart: Schäffer-Poeschel.

Hanser, P., S. Högl, und K.-H. Maul. 2004. *Die Tank AG – Wie neun Bewertungsexperten eine fiktive Marke bewerten.* Düsseldorf: Verlagsgruppe Handelsblatt.

Harrigan, K. R. 1989. *Unternehmensstrategien für reife und rückläufige Märkte.* Frankfurt a. M.: Campus.

Hartmann, V. 1966. *Markentechnik in der Konsumgüterindustrie.* Freiburg: haufe.

Hassler, M. 2012. *Web Analytics: Metriken auswerten, Besucherverhalten verstehen, Website optimieren,* 3. Aufl. Heidelberg: MITP.

Hatch, M. J., und M. Schulz. 1997. Relation between organizational culture, identity and image. *European Journal of Marketing* 31:356–365.

Hätty, H. 1989. *Der Markentransfer.* Heidelberg: Physica.

Hätty, H. 1994. Markentransferstrategien. In *Handbuch Markenartikel,* Bd. 1, Hrsg. M. Bruhn, 561–581. Stuttgart: Schäffer Poeschel.

Haug, K., und J. Küper. 2010. Das Potenzial von Kundenbeteiligungen im Web-2.0-Online-Shop – Produktbewertungen als Kernfaktor des „Consumer Generated Marketing“. In *Web-Exzellenz im E-Commerce,* Hrsg. G. Heinemann und K. Haug. Wiesbaden: Gabler.

Hauschild, S., T. Licht, und W. Stein. 2001. Creating a knowledge culture. *McKinsey Quarterly* 37 (1): 74–81.

Hauschildt, J., und S. Salomo. 2011. *Innovationsmanagement,* 5. Aufl. München: Vahlen.

Hausruckinger, G. 1993. Herkunftsbezeichnungen als präferenzdeterminierende Faktoren – Eine internationale Studie bei langlebigen Gebrauchsgütern. Frankfurt a. M.: Lang

Haußer, K. 1995. *Identitätspsychologie.* Berlin: Springer.

Heemann, J. 2008. *Markenbudgetierung.* Wiesbaden: Gabler Edition Wissenschaft.

Hegner, S. 2012. *Die Relevanz des Vertrauens für das identitätsbasierte Management globaler Marken – Ein interkultureller Vergleich zwischen Deutschland, Indien und Südafrika.* Wiesbaden: Gabler.

Heider, U. H. 2001. *Markenbewertung: Die Marke als Quelle der Wertschaffung: eine empirische Analyse am Beispiel der deutschen Automobilindustrie.* München: Hampp.

Heider, U. H., und R. Strehlau. 2000. Markenwert-Controlling. In *Handbuch Marketing-Controlling,* 2. Aufl., Hrsg. M. P. Zerres und M. P. Zerres, 497–520. Berlin: Springer.

Heinen, E. 1987. *Unternehmenskultur.* München: Oldenbourg Wissenschaftsverlag.

Hennig-Thurau, T., K. P. Gwinner, G. Walsh, und D. D. Gremler. 2004. Electronic word-of-mouth via consumer-opinion platforms: What motivates consumers to articulate themselves on the internet? *Journal of Interactive Marketing* 18 (1): 38–52.

Hermes, V. 2011. Wer führt die Marke? *Absatzwirtschaft, Sonderausgabe zum Markenaward* 2011:34–40.

Hieronimus, F. 2003. *Persönlichkeitsorientiertes Markenmanagement.* Frankfurt a. M.: Lang.

Hieronimus, F., und C. Burmann. 2005. Persönlichkeitsorientiertes Markenmanagement. In *Markenmanagement. Identitätsorientierte Markenführung und praktische Umsetzung,* 2. Aufl, Hrsg. H. Meffert, C. Burmann, und M. Koers, 365–386. Wiesbaden: Gabler.

Hoffman, D. L., und M. Fodor. 2010. Can you measure the ROI of your social media marketing? *MIT Sloan Management Review* 52 (1): 41–49.

Hogg, M. K., A. J. Cox, und K. Keeling. 2000. The impact of self-monitoring on image congruence and product/brand evaluation. *European Journal of Marketing* 34 (5–6): 641–666.

Högl, S., und O. Hupp. 2004. Brand Performance Measurement mit dem Brand Assessment System (BASS). In *Der Wert der Marke,* Hrsg. A. Schimansky, 124–145. München: Vahlen.

Homburg, C., und H. Krohmer. 2003. *Marketingmanagement.* Wiesbaden: Gabler.

Homburg, C., und H. Krohmer. 2006. *Marketingmanagement,* 2. Aufl. Wiesbaden: Gabler.

Homburg, C. H., und H. Schäfer. 2001. Strategische Markenführung in einer dynamischen Umwelt. In *Erfolgsfaktor Marke: Neue Strategien des Markenmanagements*, Hrsg. R. Köhler, W. Majer, und H. Wiezorek, 157–173. München: Vahlen.

Homburg, C., und R. Stock. 2002. Führungsverhalten als Einflussgröße der Kundenorientierung von Mitarbeitern: Ein dreidimensionales Konzept. *Marketing ZFP* 24 (2): 123–137.

Hooley, G., G. Greenley, J. Fahy, und J. Cadogan. 2001. Market-focused resources, competitive positioning and firm performance. *Journal of Marketing Management* 17:503–520.

Hooley, G. J., N. F. Piercy, und B. M. Nicoulaud. 2008. *Marketing strategy and competitive positioning*, 4. Aufl. Harlow: Prentice Hall.

Huber, F., A. Herrmann, und M. Weis. 2001. Markenloyalität durch Markenpersönlichkeit – Ergebnisse einer empirischen Studie im Automobilsektor. *Marketing ZFP* 2001 (7): 5–15.

Hundacker, S. 2005. *Customer Equity Management bei kontinuierlichen Dienstleistungen – Konzeption, Modell und Anwendung im Mobilfunk*. Wiesbaden: Deutscher Universitätsverlag.

Ind, N. 2003. Inside out: How employees build value. *Journal of Brand Management* 10 (6): 393–402.

Jacobsen, R. 1988. The persistance of abnormal returns. *Strategic Management Journal* 9 (5): 415–430.

James, W. 1890. *The principles of psychology*. New York: Holt.

Joachimsthaler, E. 2002. Mitarbeiter – Die vergessene Zielgruppe für Markenerfolge. *Absatzwirtschaft* 4 (11): 28–34.

Jones, C., N. Anand, und J. L. Alvarez. 2005. Manufactured authenticity and creative voice in cultural industries. *Journal of Management Studies* 42 (5): 893–899.

Jones, R. 2005. Finding sources of brand value: Developing a stakeholder model of brand equity. *Journal of Brand Management* 13 (1): 10–32.

Jost-Benz, M. 2009. *Identitätsbasierte Markenbewertung – Grundlagen, theoretische Konzeptualisierung und praktische Anwendung am Beispiel einer Technologiemarke*. Wiesbaden: Gabler.

Kaas, K. P. 1990. Marketing als Bewältigung von Informations- und Unsicherheitsproblemen im Markt. *Die Betriebswirtschaft* 50 (4): 539–548.

Kanitz, C. 2013. *Gestaltung komplexer Markenarchitekturen – Eine empirische Untersuchung zur Ermittlung der Verhaltensrelevanz von Marken unterschiedlicher Hierarchieebenen*. Wiesbaden: Springer Gabler.

Kapferer, J. N. 1992. *Die Marke – Kapital des Unternehmens*. Landsberg: Mi-Wirtschaftsbuch.
Kapferer, J.-N. 1999. *Strategic brand management: Creating and sustaining brand equity long term,* 3. Aufl. London: Kogan Page.
Kaplan, A. M., und M. Haenlein. 2010. Users of the world unite – the challenges and opportunities of social media. *Business Horizons* 53 (1): 59–68.
Kaplan, R. S., und D. P. Norton. 1997. *Balanced Scorecard: Strategien erfolgreich umsetzen*. Stuttgart: Schäffer-Poeschel.
Kaplan, R., und D. P. Norton. 2000. *The strategy-focused organization*. Boston: Harvard Business School.
Kehrer, R. 2001. Marke und Mythos – Eine kulturwissenschaftliche Betrachtung des betriebswirtschaftlichen Phänomens Marke. In *Die Marke – Symbolkraft eines Zeichensystems,* Hrsg. M. Bruhn, 197–218. Bern: Haupt.
Keller, K. L. 1993. Conceptualizing, measuring, and managing customer-based based brand equity. *Journal of Marketing* 57:1–22.
Keller, K. L. 2001. Kundenorientierte Messung des Markenwerts. In *Moderne Markenführung: Grundlagen – Innovative Ansätze – Praktische Umsetzungen,* 3. Aufl, Hrsg. F.-R. Esch, 1059–1079. Wiesbaden: Gabler.
Keller, K. L. 2003. *Strategic brand management. Building, measuring and managing brand equity,* 2. Aufl. New Jersey: Gabler.
Keller, K. L. 2005. Kundenorientierte Messung des Markenwerts. In *Moderne Markenführung: Grundlagen – Innovative Ansätze – Praktische Umsetzungen,* 4. Aufl., Hrsg. F.-R. Esch, 1307–1328. Wiesbaden: Gabler.
Keller, K. L., T. Apéria, und M. Georgson. 2008. *Strategic brand management – a European perspective*. Harlow: Pearson.
Kern, W. 1962. Bewertung von Warenzeichen. *Betriebswirtschaftliche Forschung und Praxis* 14 (1): 17–31.
Keupp, H. 1989. Auf der Suche nach der verlorenen Identität. In *Verunsicherungen*, Hrsg. H. Keupp und H. Bilden, 47–69. Göttingen: Hogrefe.
Keupp, H., W. Gmür, R. Höfer, B. Mitzscherlich, W. Kraus, und F. Straus. 1999. *Identitätskonstruktionen. Das Patchwork der Identitäten in der Spätmoderne*. Reinbek: Rowohlt-Taschenbuch.
Keylens. 2011. *Kundenerwartungen im Social Web*. Düsseldorf: Keylens.
Keylens. 2012. *Social Media in der Ernährungsindustrie*. Düsseldorf: Keylens.
Kielholz, A. 2008. *Online-Kommunikation. Die Psychologie der neuen Medien für die Berufspraxis*. Heidelberg: Springer.
Kilian, K. 2007. Multisensuales Markendesign als Basis ganzheitlicher Markenkommunikation. In *Psychologie der Markenführung,* Hrsg. A. Florack, M. Scarabis, und E. Primosch, 256–323. München: Vahlen.

Kilian, T., und S. Langner. 2010. *Online-Kommunikation: Kunden zielsicher verführen und beeinflussen*. Wiesbaden: Gabler.

Kilian, T., B. H. Haas, und G. Walsh. 2008. Grundlagen des Web 2.0. In *2.0 – Neue Perspektiven für Marketing und Medien*, Hrsg. B. H. Haas, T. Kilian, und G. Walsh, 3–22. Berlin: Springer.

Koch, C. 2008. *Bewußtsein, ein neurobiologisches Rätsel*. Heidelberg: Spektrum Akademischer Verlag.

Koers, M. 2001. *Steuerung von Markenportfolios: ein Beitrag zum Mehrmarken-controlling am Beispiel der Automobilwirtschaft*. Frankfurt a. M.: Lang.

Köhler, R. 1994. Planungs- und Entwicklungsprozess neuer Markenartikel und Markteinführung. In *Handbuch Markenartikel*, 1. Aufl, Hrsg. M. Bruhn, 433–462. Stuttgart: UTB.

Kohli, A. K., und B. Jaworski. 1990. Market orientation; The construct, reserach propositions and managerial implications. *Journal of Marketing* 54:1–18.

König, V. 2010. *Markenmanagement im Call Center: Eine empirische Analyse zur Konzep- tionalisierung, Operationalisierung und Wirkung von Maßnahmen zum Aufbau von Brand Commitment in Call Centern*. Wiesbaden: Springer.

Kotler, P. 2003. *Marketing management*. Upper Saddle River: Pearson.

Kotler, P, und K. L. Keller. 2006. *Marketing management*, 12. Aufl. Upper Saddle River: Pearson.

Kotler, P., K. L. Keller, und F. Bliemel. 2007. *Marketing-Management. Strategien für wertschaffendes Handeln*, 12. Aufl. München: Vahlen.

Kötting, H. 2004. Der Y&R Brand Asset Valuator. In *Der Wert der Marke*, Hrsg. A. Schimansky, 720–733. München: Vahlen.

Kozinets, R. V., K. De Valck, A.C. Wojnicki, und S. J. S. Wilner. 2010. Networked narratives – understanding word-of-mouth marketing in online communities. *Journal of Marketing* 74 (2): 71–89.

Krappmann, L. 1971. *Soziologische Dimensionen der Identität*. Stuttgart: UTB.

Krappmann, L. 1988. *Soziologische Dimensionen der Identität: Strukturelle Bedingungen für die Teilnahme an Interaktionsprozessen*, 7. Aufl. Stuttgart: UTB.

Krause, J. 2013. Identitätsbasierte Markenführung im Investitionsgüterbereich – Management und Wirkungen von Marke-Kunde-Beziehungen. Springer: Wiesbaden.

Kreutzer, R. 1989. Markenstrategien im länderübergreifenden Marketing. *Markenartikel* 11: 569–572.

Kriegbaum, C. 2001. *Markencontrolling: Bewertung und Steuerung von Marken als immaterielle Vermögenswerte im Rahmen eines unternehmenswertorientierten Controlling*. München: Vahlen.

Kroeber-Riel, W. 1988. *Strategie und Technik der Werbung: Verhaltenswissenschaftliche Ansätze,* 2. Aufl. Stuttgart: UTB.

Kroeber-Riel, W., und F.-R. Esch. 2011. *Strategie und Technik der Werbung – verhaltens- und neurowissenschaftliche Erkenntnisse,* 7. Aufl. Stuttgart: UTB.

Kroeber-Riel, W., und P. Weinberg. 2003. *Konsumentenverhalten,* 8. Aufl. München: Vahlen.

Kroeber-Riel, W., P. Weinberg, und A. Gröppel-Klein. 2009. *Konsumentenverhalten,* 9. Aufl. München: Vahlen.

Kullmann, M. 2009. *Strategisches Mehrmarkencontrolling – Ein Beitrag zur integrierten und dynamischen Koordination von Markenportfolios*. Wiesbaden: Springer.

Kumar, P. 2005. The impact of cobranding on customer evaluation of brand counterextensions. *Journal of Marketing* 69 (3): 1–18.

Kunde, J. 2000. *Corporate religion*. Wiesbaden: Springer.

Kuß, A., T. Tomczak, und S. Reinecke. 2007. *Marketingplanung – Einführung in die marktorientierte Unternehmens- und Geschäftsfeldplanung,* 5. Aufl. Wiesbaden: Springer.

Laforet, S., und J. Saunders. 1994. Managing brand portfolios: How the leaders do it. *Journal of Advertising Research* 34 (5): 64–76.

Laforet, S., und J. Saunders. 1999. Managing brand portfolios: Why leaders do what they do. *Journal of Advertising Research* 39 (1): 51–66.

Laforet, S., und J. Saunders. 2005. Managing brand portfolios: How strategies have changed. *Journal of Advertising Research* 45 (3): 314.

Laforet, S., und J. Saunders. 2007. How brand portfolios have changed: A study of grocery suppliers brands from 1994 to 2004. *Journal of Marketing Management* 23 (1/2): 39–58.

Lampe, T., Keyserlingk, Archibald Graf von. 2011. „Brennglas" Social Media benötigt strategisches Fundament. *Versicherungswirtschaft* 12:875–877.

Larkin, T. J., und S. Larkin. 1996. Reaching and changing frontline employees. *Harvard Business Review* 74 (3): 95–104.

Laux, H., und F. Liermann. 2005. *Grundlagen der Organisation: die Steuerung von Entscheidungen als Grundproblem der Betriebswirtschaftslehre,* 6. Aufl. Berlin: Springer.

Lebrenz, S. 1996. Länderimages: Einflussfaktor und Bedeutung für das Konsumentenverhalten – eine empirische Studie bei langlebigen Gebrauchsgütern, Diss., Köln.

Leclerc, F., B. H. Schmitt, und L. Dube. 1994. Foreign branding and its effects on product perceptions and attitudes. *Journal of Marketing Research* 32 (5): 263–270.

Leitherer, E. 1955. Die Entwicklung der modernen Markenformen. *Markenartikel* 17: 539–566.

Leitherer, E. 2001. Geschichte der Markierung und des Markenwesens. In *Die Marke – Symbolkraft eines Zeichensystems*, Hrsg. M. Bruhn. Stuttgart: UTB.

Leonard, N. H., L. L. Beauvais, und R. W. Scholl. 1999. Work motivation: The incorporation of self-concept-based processes. *Human Relation* 52 (8): 969–998.

Lewin, K. 1963. *Feldtheorien in den Sozialwissenschaften: Ausgewählte theoretische Schriften*. Bern: Huber.

Li, F., N. Zhou, R. Kashyap, und Z. Yang. 2008. Brand trust as a second-order factor. *International Journal of Market Research* 50:817–839.

Licharz, E. 2002. Vertrauen im Business-to-Consumer Electronic Commerce: Eine grundlagentheoretische Diskussion, Kassel.

Lierow, M. A. 2006. *Competence Building und Internationalisierungserfolg – Theoretische und empirische Betrachtung deutscher Unternehmen,* 1. Aufl. Wiesbaden: Springer.

Lierow, M., und J. Freiling. 2006. Determinanten der Bildung von Kompetenzen und ihr Einfluss auf den Internationalisierungserfolg. In *Neue Perspektiven des Strategischen Kompetenz-Managements*, Hrsg. C. Burmann, J. Freiling, und M. Hülsmann, 123–148. Wiesbaden: Springer.

Lim, K., und A. O'Cass. 2001. Consumer brand classifications: An assessment of culture-of-origin versus country-of-origin. *Journal of Product and Brand Management* 10 (2): 120–136.

Linxweiler, R. 2001. *BrandScoreCard*. Groß-Umstadt: Sehnert.

Loken, B., und J. D. Roedder. 1993. Diluting brand beliefs: When do brand extensions have a negative impact? *Journal of Marketing* 57 (7): 71–84.

Luckner, A. 2008. Werde, der du bist! *Journal für Philosophie* 8 (24): 6–10.

Luhmann, N. 1973. *Vertrauen – ein Mechanismus der Reduktion sozialer Komplexität,* 2. Aufl. Stuttgart: UTB.

Luhmann, N. 1994. Copierte Existenz und Karriere. Zur Herstellung von Individualität. In *Riskante Freiheiten. Individualisierung in modernen Gesellschaften*, Hrsg. U. Beck und E. Beck-Gernsheim. Frankfurt a. M.: Suhrkamp.

Lührmann, T. 2006. *Führung, Interaktion und Identität. Die neuere Identitätstheorie als Beitrag zur Fundierung einer Interaktionstheorie der Führung.* Wiesbaden: Springer.

Mael, F. A., und B. E. Ashforth. 1992. Alumni and their alma mater: A partial test of the reformulated model of organizational identification. *Journal of Organizational Behavior* 13 (2): 103–123.

Makadok, R. 2001. Toward a synthesis of the ressource-based and dynamic-capability views of rent creation. *Strategic Management Journal* 22 (5): 387.

Maloney, P. 2007. *Absatzmittlergerichtetes, identitätsbasiertes Markenmanagement: Eine Erweiterung des innengerichteten, identitätsbasierten Markenmanagements unter besonderer Berücksichtigung von Premiummarken*. Wiesbaden: Springer.

Mangold, M. 2008. Markenmanagement durch Storytelling. In *Arbeitspapier zur Schriftenreihe Schwerpunkt Marketing*, Bd. 126, Hrsg. P. W. Meyer und A. Meyer. München: FGM.

Mao, H., X. Luo, und S. P. Jain. 2009. Consumer responses to brand elimination: An attributional perspective. *Journal of Consumer Psychology* 19 (3): 280–289.

Marcia, J. E. 1980. Identity in adolescence. In *Handbook of adolescent psychology*, Hrsg. J. Adleson, 159–187. New York: Free Press.

Markenverband., GfK., Sattler., PwC. 2012. *Praxis von Markenmanagement und Markenbewertung in deutschen Unternehmen*. Frankfurt a. M. Suhrkamp.

Mason, E. C. 1939. Price and production policies of large-scale enterprises. *American Economic Review* 29: 61–74.

Mast, C. 2002. *Unternehmenskommunikation: ein Leitfaden*. Stuttgart: Lucius & Lucius.

Mattmüller, R., und R. Tunder. 2004. *Strategisches Handelsmarketing*. München: Vahlen.

Mayer, A., und R. U. Mayer. 1987. *Imagetransfer*. Hamburg: SPIEGEL.

McCrae, R. R., und P. T. Costa. 1997. Personality trait structure as a human universal. *American Psychologist* 52:509–516.

McEwen, W. J. 2007. Don't neglect your brand ambassadors. *Gallup Management Journal Online* 2007 (8).

Mead, G. H. 1934. *Mind, self, and society*. Chicago: University of Chicago Press.

Mead, G. H. 1973. *Geist, Identität und Gesellschaft. Aus der Sicht des Sozialbehaviorismus*. Frankfurt a. M.: Suhrkamp.

Meffert, H. 1969. Zum Problem der betriebswirtschaftlichen Flexibilität. *Zeitschrift für Betriebswirtschaft* 39 (12): 779–800.

Meffert, H. 1974. *Interpretation und Aussagewert des Produktlebenszyklus-Konzeptes*. Münster: Institut für Marketing der Universität.

Meffert, H. 1979. *Der Markenartikel und seine Bedeutung für den Verbraucher. Ergebnisse einer empirischen Untersuchung.* Hamburg: Gruner und Jahr.

Meffert, H. 1988. *Strategische Unternehmensführung und Marketing.* Wiesbaden: Springer.

Meffert, H. 1994a. *Marketing-Management – Analyse, Strategie, Implementierung.* Wiesbaden: Gabler.

Meffert, H. 1994b. Entscheidungsorientierter Ansatz der Markenpolitik. In *Anforderungen an die Markenpolitik aus Sicht von Wissenschaft und Praxis.* Handbuch Markenartikel, Bd. 1, Hrsg. M. Bruhn, 173–197. Stuttgart: Schaeffer-Poeschel.

Meffert, H. 1998. Herausforderungen an die Betriebswirtschaftslehre – Die Perspektive der Wissenschaft. *DBW* 58 (6): 709–730.

Meffert, H. 2000. *Marketing – Grundlagen marktorientierter Unternehmensführung. Konzepte – Instrumente – Praxisbeispiele,* 9. Aufl. Wiesbaden: Gabler.

Meffert, H., und M. Bruhn. 1984. *Markenstrategien im Wettbewerb.* Wiesbaden: Gabler.

Meffert, H., und M. Bruhn. 2003. *Dienstleistungsmarketing,* 4. Aufl. Wiesbaden: Gabler.

Meffert, H., und M. Bruhn. 2009. *Dienstleistungsmarketing. Grundlagen – Konzepte – Methoden,* 6. Aufl. Wiesbaden: Gabler.

Meffert, H., und C. Burmann. 1991. Konsumentenzufriedenheit als Determinante der Marken- und Händlerloyalität. *Marketing Zeitschrift für Forschung und Praxis* 13:249–258.

Meffert, H., C. Burmann. 1996. Identitätsorientierte Markenführung – Grundlagen für das Management von Markenportfolios (Nr. 100). In *Arbeitspapier der Wissenschaftlichen Gesellschaft für Marketing und Unternehmensführung,* Hrsg. H. Meffert, H. Wagner, und K. Backhaus. Münster: Wiss. Ges. für Marketing und Unternehmensführung.

Meffert, H., und C. Burmann. 1999. Abnutzbarkeit und Nutzungsdauer von Marken. *Jahrbuch für Absatz- und Verbrauchsforschung* 45 (3): 244–263.

Meffert, H., und C. Burmann. 2005. Gestaltung von Markenarchitekturen. In *Markenmanagement,* 2. Aufl, Hrsg. H. Meffert, C. Burmann, und M. Koers, 163–182. Wiesbaden: Springer.

Meffert, H., und M. Giloth. 2002. Aktuelle markt- und unternehmensbezogene Herausforderungen an die Markenführung. In *Markenmanagement,* Hrsg. H. Meffert, Ch. Burmann, und M. Koers, 99–132. Wiesbaden: Gabler.

Meffert, H., und G. Heinemann. 1990. Operationalisierung des Imagetransfers. *Marketing, Zeitschrift für Forschung und Praxis* 1990 (1): 5–10.

Meffert, H., und M. Koers. 2005. Markenkannibalisierung in Markenportfolios. In *Markenmanagement,* 2. Aufl, Hrsg. H. Meffert, C. Burmann, und M. Koers, 297–318. Wiesbaden: Gabler.

Meffert, H., C. Burmann, und M. Kirchgeorg. 2008. *Marketing: Grundlagen Marktorientierter Unternehmensführung, Konzepte – Instrumente – Praxisbeispiele,* 10. Aufl. Wiesbaden: Gabler.

Meffert, H., C. Burmann, und C. Becker. 2010. *Internationales Marketing-Management: Ein markenorientierter Ansatz.* Stuttgart: Kohlhammer.

Meffert, H., C. Burmann, und M. Kirchgeorg. 2012. *Marketing: Grundlagen markorientierter Unternehmensführung,* 11. Aufl. Wiesbaden: Gabler.

Mehringer, M., und M. Vossen. 2010. Der Druck kommt von oben. *Lebensmittelzeitung* 34:29–30.

Melewar, T. C., und E. Karaosmanoglu. 2005. Seven dimensions of corporate identity – A categorisation from the practitioners' perspectives. *European Journal of Marketing* 40:846–869.

Mellerowicz, K. 1963. *Markenartikel. Die ökonomischen Gesetze ihrer Preisbildung und Preisbindung.* München: Beck.

Menninger, J., und D. Robers. 2006. Markenwert – Paradigmenwechsel im Marketing? In *Die Bedeutung der Tradition für die Markenkommunikation,* Hrsg. J. Menninger und D. Robers, 239–264. Stuttgart: Edition Neues Fachwissen.

Meurer, J., und M. Rügge. 2012. Kafka für Marketers. *Absatzwirtschaft* 2012 (7): 30–34.

Moog, T. 2008. Strategisches Ressourcen- und Kompetenzmanagement industrieller Dienstleistungsunternehmen. Dissertationsschrift an der Universität Stuttgart, Stuttgart.

Morhart, F., W. Jenewein, und T. Tomczak. 2012. Mit transformationaler Führung das Brand Behavior stärken. In *Behavioral Branding – Wie Mitarbeiterverhalten die Marke stärkt,* 3. Aufl, Hrsg. T. Tomczak, F. -R. Esch, J. Kernstock, und A. Herrmann, S. 389–406. Wiesbaden: Gabler.

Mühlbacher, H., A. Dreher, und A. Gabriel-Ritter. 1996. Strategische Positionierung – Grundpfeiler des Marketings in komplexen und dynamischen Umwelten. *Die Betriebswirtschaft,* 56 (1): 203–220.

Müller, A. 2012a. *Symbole als Instrumente der Markenführung – Eine kommunikations- und wirtschaftswissenschaftliche Analyse unter besonderer Berücksichtigung von Stadtmarken.* Wiesbaden: Gabler.

Müller, J. 2012b. *Multisensuale Gestaltung der Ladenatmosphäre zur Profilierung von Store Brands – Ein theoriegeleitetes, experimentelles Design zum Shopperverhalten.* Wiesbaden: Gabler.

Müller, W. R. 1987. Identität und Führung. In *Handwörterbuch der Führung*, Hrsg. A. Kieser, G. Reber, und R. Wunderer. Stuttgart: Poeschel.

Muniz, A. M., und T. C. O'Guinn. 2001. Brand community. *Journal of Consumer Research* 27 (4): 412–432.

Murphy, J. M. 1987. *Brand strategy*. Cambridge: Cambridge University Press.

Musiol, K.-G., H. Berens, J. Spannagl, und A. Biesalski. 2004. icon Brand Navigator und Brand Rating für eine holistische Markenführung. In *Der Wert der Marke*, Hrsg. A. Schimansky, 370–399. München: Vahlen.

Muzellec, L., und M. Lambkin. 2006. Corporate rebranding: destroying, transferring or creating brand equity? – 2006. *European Journal of Marketing* 40 (7–8): 803–824.

Narver, J. C., und S. F. Slater. 1990. The effect of a market orientation on business profitability. Journal of Marketing. *Journal of Marketing* 54 (4): 20–34.

Nerdinger, F. W., und L. von Rosenstiel. 1999. Die Umgestaltung der Führungsstrukturen im Rahmen der Implementierung des Internen Marketing. In *Internes Marketing: Integration der Kunden- und Mitarbeiterorientierung; Grundlagen – Implementierung – Praxisbeispiele*, 2. Aufl, Hrsg. M. Bruhn, 175–190. Wiesbaden: Gabler.

Nolte, H., und R. Bergmann. 1998. Ein Grundmodell des ressourcenorientierten Ansatzes der Unternehmensführung. In *Aspekte ressourcen-orientierter Unternehmensführung*, Hrsg. H. Nolte, 1–27. München: Hampp.

Nommensen, J. N. 1990. *Die Prägnanz von Markenbildern: Prüfung der Kommunikationsstrategie bei Produktrepositionierung*. Heidelberg: Physica.

Nonaka, I., und H. Takeuchi. 1997. *Die Organisation des Wissens*. Frankfurt: campus.

North, D. C. 1992. *Institutionen, institutioneller Wandel und Wirtschaftsleistung*. Tübingen: Mohr Siebeck. Originalausgabe : North, D. C. 1990. *Institutions, institutional change and economic performance*. New York: Cambridge University Press.

Obermiller, C. 1985. Varieties of mere exposure: The effects of processing style of repetition on affective response. *Journal of Consumer Research* 12 (June): 17–30.

Oetting, M. 2006. Wie Web 2.0 das Marketing revolutionierte. T. Schwarz und G. Braun, 173–200. Waghäusel: Absolit.

Pälike, F. 2000. Die Manager-Marke kommt! Personlichkeit ist ein Added Value. *Absatzwirtschaft* 43 (10): 16–18.

Papadopoulos, N. 1993. What product and country images are and are not. In *Product-country images – impact and role in international marketing*, Hrsg. N. Papadopoulos und L. A. Heslop, 3–38. Binghampton: Routledge.

Park, C. W., S. Milberg, und R. Lawson. 1991. Evaluation of brand extensions: The role of product feature similarity and brand concept consistency. *Journal of Consumer Research* 18 (9): 185–193.

Park, C., S. Y. Jun, und A. D. Shocker. 1996. Composite branding alliances. *Journal of Marketing Research* 33 (4): 453–466.

Perrey, J. 1998. *Nutzenorientierte Marktsegmentierung. Ein integrativer Ansatz zum Zielgruppenmarketing im Verkehrsdienstleistungsbereich*. Wiesbaden: Gabler.

Pervin, L. A., D. Cervone, O. P. John, und A. Pott. 2005. *Persönlichkeitstheorien*, 5. Aufl. München: UTB.

Petermann, F. 1992. *Psychologie des Vertrauens*, 2. Aufl. München: hogrefe.

Pfeil, O., und H. Vater. 2002. „Die kleine Unternehmensbewertung" oder die neuen Vorschriften zur Goodwill- und Intangible-Bilanzierung. *KoRe* 2002 (2): 66–81.

Piehler, R. 2011. *Interne Markenführung – Theoretisches Konzept und fallstudienbasierte Evidenz*. Wiesbaden: Gabler.

Pine, B. J., und J. H. Gilmore. 1999. *The experience economy – work is theatre and every business a stage*. Boston: Harvard Business Press.

Plötner, O. 1995. *Das Vertrauen des Kunden. Relevanz, Aufbau und Steuerung auf industriellen Märkten*. Wiesbaden: Gabler.

Plummer, J. T. 2000. How personality makes a difference. *Journal of Advertising Research* 40:79–83.

Porter, M. E. 1980. *Competitive strategy: Techniques for analyzing industries and competitors*. New York: Free Press.

Porter, M. E. 1999. *Wettbewerbsvorteile: Spitzenleistungen erreichen und behaupten*, 5. Aufl. Frankfurt a. M.: Campus.

Porter, M. 2006. Leader as strategist – gain and sustain a unique position. *Leadership excellence* 23 (6): 6.

Prahalad, C. K., und S. Ramaswamy. 2004. Co-creation experiences – the next practice in value creation. *Journal of Interactive Marketing* 18 (3): 5–14.

Prick, H.-J. 1989. Nivea-Markentransfer: von der Marke für die Hautcreme zur Dachmarke für die Hautpflege. *Markenartikel* 1989 (10): 504–509.

Rangan, V., und G. Bowman. 1992. Beating the commodity magnet. *Industrial Marketing Management* 1992 (21): 215–224.

Rangaswamy, A., R. Burke, und T. Oliva. 1993. Brand equity and the extendibility of brand names. *International Journal of Research in Marketing* 10: 61–75.

Rappaport, A., und W. Klien. 1999. *Shareholder Value: Ein Handbuch für Manager und Investoren,* Handelsblatt-Reihe, 2. vollst. überarb. und aktualisierte Aufl. Stuttgart: Schäffer-Poeschel.

Rao, A. R., und R. W. Ruekert. 1994. Brand alliances as signals of product quality. *Sloan Management Review* 36 (1): 87–97.

Rao, V. R., M. K. Agarwal, und D. Dahlhoff. 2004. How is manifest branding strategy related to the intangible value of a corporation? *Journal of Marketing* 68 (4): 126–140.

Rasche, C., und B. Wolfrum. 1994. Ressourcenorientierte Unternehmensführung. *DBW* 54 (4): 501–517.

Recke, T. 2011. *Die Bestimmung der Repositionierungsintensität von Marken, Ein entscheidungsunterstützendes Modell auf Basis von semantischen Netzen.* Wiesbaden: Gabler.

Reckenfelderbäumer, M. 2006. Prozesskostenrechnung im Marketing. In *Handbuch Marketing-Controlling,* 2. Aufl, Hrsg. S. Reinecke und T. Tomczak, S. 767–794. Wien: Gabler.

Reeves, R. 1960. *Reality in advertising.* New York: knopf.

Reichheld, F., und W. Sasser. 1990. Zero defects: Quality comes to services. *Harvard Business Review* 1990: 105–111.

Reischauer, C. 2011. Brasilien weckt die Lust auf neue Looks. *Absatzwirtschaft* 2011 (9): 18–20.

Ries, A., und J. Trout. 2001. *Positioning: The battle for your mind, 20th anniversary.* New York: McGraw-Hill.

Riesenbeck, H., und J. Perrey. 2005. *Mega-Macht Marke. Erfolg messen, machen, managen,* 2. Aufl. Frankfurt a. M.: Redline Wirtschaft.

Riesenbeck, H., und J. Perrey. 2009. *Power brands: Measuring, making and managing brand success,* 2. Aufl. Weinheim: Wiley.

Ripperger, T. 1998. *Ökonomik des Vertrauens – Analyse eines Organisationsprinzips.* Tübingen: Mohr Siebeck.

Rhodewalt, F. 1998. Self-presentation and the phenomenal self. The „carryover effect" revisited. In *Attribution and social interaction: The legacy of Edward E. Jones,* Hrsg. J. M. Darley, J. Cooper, und E. E. Jones, 373–421. Washington: American Psychological Society.

Romaniuk, J. 2001. Brand Positioning in financial services: A longitudinal test to find the best brand position. *Journal of Financial Services Marketing* 6 (2): 111–121.

Roosdorp, A. 1998. Positionierungspflege: Phänomen, Herausforderungen und Konzept. Diss., Universität St. Gallen.

Roquebert, J., R. Phillips, und P. Westfall. 1996. Markets vs. management. What ‚Drives' Profitability? *Strategic Management Journal* 17 (8): 653–664.

Rosenberg, M. 1979. *Conceiving the Self.* New York: Basic Books.

Roth, G. 1997. *Das Gehirn und seine Wirklichkeit,* 1. Aufl. (stw) nach der 5. Aufl. Frankfurt: Suhrkamp.

Roth, G. 2003. *Fühlen, Denken, Handeln, Wie das Gehirn unser Verhalten steuert, neue vollständig überarbeitete Aufl.* Frankfurt: Suhrkamp.

Roth, G. 2007. *Persönlichkeit, Entscheidung und Verhalten.* Stuttgart: Klett-Cotta.

Roth, G., und R. Menzel. 1996. Verhaltensbiologische und neuronale Grundlagen des Lernensund des Gedächtnisses. In *Kopf-Arbeit, Gehirnfunktionen und kognitive Leistungen,* Hrsg. G. Roth und W. Prinz, 239–277. Heidelberg: Spektrum Akademischer Verlag.

Rust, R. T., V. A. Zeithaml, und K. N. Lemon. 2004. Customer-Centered Brand Management. *Harvard Business Review* 82 (9): 110–118.

Sachs, A. 2002. Portfolio-Management bei Unilever. *Marketingjournal* 2002 (2): 8–17.

Sammerl, N. 2006. *Innovationsfähigkeit und nachhaltiger Wettbewerbsvorteil – Messung – Determinanten – Wirkungen.* Wiesbaden: Springer.

Sattler, H. 1997. *Monetäre Bewertung von Markenstrategien für neue Produkte.* Stuttgart: Schäffer-Poeschel.

Sattler, H. 1998. Beurteilung der Erfolgschancen von Markentransfers. *Zeitschrift für Betriebswirtschaft* 68 (5): 475–495.

Sattler, H. 2001. *Markenpolitik.* Stuttgart: Kohlhammer.

Sattler, H. 2005. Markenbewertung: State-of-the-Art. *Zeitschrift für Betriebswirtschaft* 75 (2): 33–57.

Sattler, H., und F. Völckner. 2007. *Markenpolitik,* 2. Aufl. Stuttgart: Kohlhammer.

Sattler, H., F. Völckner, und G. Zatloukal. 2003. Erfolgsfaktoren von Markentransfers. *Marketing ZFP* 25 (3): 147–168.

Schallehn, M. 2012. *Marken-Authentizität – Konstrukt, Determinanten und Wirkungen aus Sicht der identitätsbasierten Markenführung.* Wiesbaden: Springer Gabler.

Schau, H. J., A. M. Muniz, und E. J. Arnould. 2009. How brand community practices create value. *Journal of Marketing* 73 (5): 30–51.

Schein, E. H. 1985. *Organizational culture and leadership*. San Francisco: Jossey-Bass.

Schein, E. H. 1992. *Organizational culture and leadership*. San Francisco: Jossey-Bass.

Schenk, H.-O. 1994. Handels- und Gattungsmarken. In *Handelsmarken*, 3. Aufl, Hrsg. M. Bruhn. Stuttgart: Schäffer-Poeschel.

Schiele, T. P. 1999. *Markenstrategien wachstumsorientierter Unternehmen*. Wiesbaden: Deutscher Universitätsverlag.

Schmitt, B. 1999. Experiential marketing. *Journal of Marketing Management* 15 (1–3): 53–67.

Schmitt, B. 2003. *Customer experience management – A revolutionary approach to connecting with your customers*. Weinheim: Wiley.

Schmitt, B. 2009. Customer experience management. In *Handbuch Kommunikation*, Hrsg. M. Bruhn, F.-R. Esch, und T. Langner, 697–711. Wiesbaden: Gabler.

Schmitt, B., und M. Mangold. 2004. *Kundenerlebnis als Wettbewerbsvorteil – Mit Customer Experience Management Marken und Märkte Gewinn bringend gestalten*. Wiesbaden: Gabler.

Schmitt, B., und M. Mangold. 2005. Customer Experience Management als zentrale Erfolgsgröße der Markenführung. In *Moderne Markenführung – Grundlagen. Innovative Ansätze. Praktische Umsetzungen*, 4. vollst. überarb. und erw. Aufl., Hrsg. F.-R. Esch, 287–304. Wiesbaden: Gabler.

Schmitt, B., und D. Rogers. 2008. *Handbook on brand and experience management*. Cheltenham: Elgar.

Schmitt, B., und A. Simonson. 2008. *Marketing-Ästhetik – Strategisches Management von Marken, Identity und Image*. Düsseldorf: Econ.

Schneider, H. 2004. *Marken in der Politik, Erscheinungsformen, Relevanz, identitätsorientierte Führung und demokratietheoretische Reflektion*. Wiesbaden: VS Verlag.

Schögel, M., und K. Mrkwicka. 2011. Communication Shift – Chancen und Herausforderungen aus Marketingsicht. *Marketing Review St. Gallen* 28 (5): 6–10.

Schumpeter, J. 1970. *Das Wesen und der Hauptinhalt der theoretischen Nationalökonomie*, 2. Aufl. Berlin: Duncker & Humblot.

Schweiger, G., und G. Schrattenecker. 2001. *Werbung: Eine Einführung*, 5. Aufl. Stuttgart: Lucius & Lucius.

Simon, C. J., und M. W. Sullivan. 1993. The measurement and determinants of brand equity: A financial approach. *Marketing Science* 12 (1): 28–52.

Sirgy, J. 1982. Self-concept in consumer behavior: A critical review. *Journal of Consumer Research* 9 (12): 287–300.

Spitzer, M. 2008. *Geist im Netz, Modelle für Lernen, Denken und Handeln.* Heidelberg: Spektrum Akademischer Verlag.

Sponheuer, B. 2010. *Employer Branding als Bestandteil einer ganzheitlichen Markenführung.* Wiesbaden: Gabler.

Springer, C. 2008. *Multisensuale Markenführung – Eine verhaltenswissenschaftliche Analyse unter besonderer Berücksichtigung von Brand Lands in der Automobilwirtschaft.* Wiesbaden: Gabler.

Steffenhagen, H. 1995. *Marketing – Eine Einführung.* Stuttgart: Kohlhammer.

Steiner, S. 2007. *Category Management Zur Konfliktregelung in Hersteller-Handels-Beziehungen.* Wiesbaden: Deutscher Universitätsverlag.

Stichnoth, F. 2008. *Virtuelle Brand Communities zur Markenprofilierung – Der Einsatz virtueller Brand Communities zur Stärkung der Marke-Kunden-Beziehung,* Arbeitspapier Nr. 35, Hrsg. C. Burmann. Bremen: Lehrstuhl für innovatives Markenmanagement.

Stolle, W. 2012. *Globale Markenführung in heterogenen Märkten – Empirische Analyse eines moderierten Markenimagemodells für die Marken der Automobilindustrie in Brasilien, China, Deutschland, Russland und den USA.* Wiesbaden: Gabler.

Strebinger, A. 2004. Strategic brand concept and brand architecture strategy – A proposed model. *Advances in Consumer Research* 31:656–661.

Strebinger, A. 2008. *Markenarchitektur – Strategien zwischen Einzel- und Dachmarke sowie lokaler und globaler Marke.* Wiesbaden: Gabler.

Ströbel, T. 2012. *Die Einflussfaktoren der Markenbewertung im Sport: Eine empirische Analyse der Zusammenhänge bei Klubmarken.* Wiesbaden: Gabler.

Stucky, N. 2004. Monetäre Markenbewertung nach dem Interbrand-Ansatz. In *Der Wert der Marke,* Hrsg. A. Schimansky, 430–459. München: Vahlen.

Szulanski, G. 1996. Exploring internal stickiness: Impediments to the transfer of best practices within the firm. *Strategic Management Journal* 17: 27–43.

Tafelmeier, R. 2009. *Markenbilanzierung und Markenbewertung: Analyse und Eignung von Markenbewertungsverfahren in Hinblick auf die bilanzielle Behandlung von Marken nach HGB und IAS/IFRS.* Frankfurt a. M.: Lang.

Teece, D. J., R. P. Rumelt, G. Dosi, und S. Winter. 1994. Understanding corporate coherence. Theory and evidence. *Journal of Economic Behavior and Organization* 23:1–30.

Teece, D. J., G. Pisano, und A. Shuen. 1997. Dynamic capabilities and strategic management. *Strategic Management Journal* 18:509–533.

Tietz, I. 2009. *Krisenmanagement zur Sicherung und zum Ausbau der Markenstärke – Eine Analyse der Automobilindustrie.* Berlin: Lit.

Thakor, M. V., und C. S. Kohli. 1996. Brand origin: Conceptualization and review. *The journal of consumer marketing* 13 (3): 27–42.

Thiel, U. 2001. Personen und persönliche Identität in der Philosophie des 17. und 18. Jahrhunderts. In *Person: Philosophiegeschichte – Theoretische Philosophie – Praktische Philosophie,* Hrsg. D. Sturma, 79–101. Paderborn: Mentis.

Thier, K. 2010. *Storytelling: Eine Methoe für das Change-, Marken-, Qualitäts- und Wissensmanagement,* 2. Aufl. Berlin: Springer.

Thompson, A. A., und A. J. Strickland. 1999. *Strategic Management: Concepts and cases,* 11. Aufl. Boston: McGraw-Hill.

Tomczak, T., und A. Roosdorp. 1996. Positionierung – Neue Herausforderungen verlangen neue Ansätze. In *Positionierung Kernentscheidung des Marketing,* Hrsg. T. Tomczak, T. Rudolph, und A. Roosdorp. St. Gallen: Thexis.

Tomczak, T., S. Reinecke, und P. Kaetzke. 2004. Markencontrolling – Sicherstellung der Effektivität und Effizienz der Markenführung. In *Handbuch Markenführung,* 2. Aufl, Hrsg. M. Bruhn, 1821–1852. Stuttgart: Gabler.

Tomczak, T., M. Schögel, und D. Wentzel. 2006. Communities als Herausforderung für die Markenführung. In *Ganzheitliches Direktmarketing,* Hrsg. B. W. Wirtz und C. Burmann, 523–546. Wiesbaden: Gabler.

Trommsdorff, V. 1975. *Die Messung von Produktimages für das Marketing: Grundlagen und Operationalisierung.* Köln: Heymanns.

Trommsdorff, V. 1992. Multivariate Imageforschung und strategische Marketingplanung. In *Handbuch des Electronic Marketing,* Hrsg. A. Hermanns und V. Flegel, 321–338. München: Beck.

Trommsdorff, V., und M. Paulsen. 2005. Messung und Gestaltung der Markenpositionierung. In *Moderne Markenführung: Grundlagen – Innovative Ansätze – Praktische Umsetzungen,* 4. Aufl, Hrsg. F. -R. Esch, 1363–1380. Wiesbaden: Gabler.

Trout, J. 1969. „Positioning" is a game people play in today's me-too market place. *Industrial Marketing* 54 (6): 51–55.

Tsai, S.-P. 2005. Integrated marketing as management of holistic consumer experience. *Business Horizons* 48 (5): 431–441.

Usunier, J.-C. 2006. Relevance in business research: The case of country-of-origin research in marketing. *European Management Review* 3:60–73.

Vallaster, C., und L. de Chernatony. 2005. Internationalisation of services brands: The role of leadership during the internal brand building process. *Journal of Marketing Management* 21 (1–2): 181–203.

Varadarajan, R., M. P. DeFanti, und P. S. Busch. 2006. Brand portfolio, corporate image, and reputation: Managing brand deletions. *Journal of the Academy of Marketing Science* 34 (2): 195–205.

Vastag, A., und A. Schürzholz. 2004. Strukturparameter der Distribution. In *Handbuch Logistik,* 2. Aufl, Hrsg. D. Arnold, H. Isermann, A. Kuhn, und H. Tempelmeier, 5–19. Berlin: Springer.

Vershofen, W. 1940. *Handbuch der Verbrauchsforschung.* Berlin: Heymann.

Völckner, F. 2003. *Neuproduktorfolg bei kurzlebigen Konsumgütern: Eine empirische Analyse der Erfolgsfaktoren von Markentransfers, Dissertation.* Wiesbaden: Deutscher Universitätsverlag.

Völckner, F. 2004. Fünf Faktoren entscheiden über den Erfolg von Markentransfers. *Absatzwirtschaft* September:74–79.

Völckner, F., und H. Sattler. 2006. Drivers of brand extension success. *Journal of Marketing* 70 (2): 18–34.

Walser, M. G. 2004. *Brand strength: Building and testing models based on experiential information.* Wiesbaden: Deutscher Universitätsverlag.

Waltermann, B. 1989. *Internationale Markenpolitik und Produktpositionierung: markenpolitische Entscheidungen im europäischen Automobilmarkt.* Wien: Service.

Watzlawick, P., J. H. Beavin, und D. D. Jackson. 2007. *Menschliche Kommunikation,* 11. Aufl. Bern: Huber.

Wehrli, H. P., und U. Jüttner. 1996. Beziehungsmarketing in Wertsystemen. *Marketing ZFP* 18 (1): 33–43.

Weidenfeld, W. 1983. Die Identität der Deutschen – Fragen, Positionen, Perspektiven. In *Die Identität der Deutschen.* Schriftenreihe der Bundeszentrale für politische Bildung, Bd. 200, Hrsg. W. Weidenfeld, 13–49., Bonn: Hanser.

Weinberg, P., und S. Diehl. 2001. Aufbau und Sicherung von Markenbindung unter schwierigen Konkurrenz- und Distributionsbedingungen. In *Erfolgsfaktor Marke – Neue Strategien des Markenmanagements,* Hrsg. R. Köhler, W. Majer, und H. Wiezorek, 26–35. München: Vahlen.

Weinberg, T., D. Heymann-Reder, und C. Lange. 2010. *Social Media Marketing – Strategien für Twitter, Facebook und Co.* Beijing: O'Reilly.

Welge, M. K., und A. Al-Laham. 2004. *Strategisches Management: Grundlagen – Prozess – Implementierung.* Wiesbaden: Gabler.

Weller, I. 2003. Commitment. In *Organizational Behaviour – Verhalten in Organisationen*, Hrsg. A. Martin, 77–94. Stuttgart: Kohlhammer.

Welling, M. 2003. *Bausteine einer integrierten image- und identitätsorientierten Markenführung als Beitrag zur Markentheorie.* Schriften zum Marketing, Nr. 47 Bd. 47. Bochum: Ruhr Universität.

Welling, M. 2006. *Ökonomik der Marke: Ein Beitrag zum Theorienpluralismus in der Markenforschung.* Wiesbaden: Deutscher Universitätsverlag.

Wenske, A. V. 2008. *Management und Wirkungen von Marke-Kunden-Beziehungen im Konsumgüterbereich – Eine Analyse unter besonderer Berücksichtigung des Beschwerdemanagements und der Markenkommunikation.* Wiesbaden: Gabler.

Wentzel, D., T. Tomczak, und A. Herrmann. 2012. Storytelling im Behavioral Branding. In *Behavioral Branding – Wie Mitarbeiterverhalten die Marke stärkt*, 3. Aufl, Hrsg. T. Tomczak, F.-R. Esch, J. Kernstock, und A. Herrmann, 425–442. Wiesbaden: Gabler.

Werthmöller, E. 1994. Räumliche Identität als Aufgabenfeld des Städte- und Regionenmarketing. In *Schriften zu Marketing und Management*, Bd. 24, Hrsg. H. Meffert. Frankfurt a. M.: Springer.

Wiedmann, K. P. 1994. Markenpolitik und Corporate Identity. In *Handbuch Markenartikel*, Bd. 2, Hrsg. M. Bruhn, 1033–1054. Stuttgart: Gabler.

Wiedmann, K.-P., und D. Ludewig. 2005. Commodity Branding. In *Commodity Marketing – Grundlagen und Besonderheiten*, Hrsg. M. Enke und M. Reimann, 85–120. Wiesbaden: Gabler.

Wittke-Kothe, C. 2001. *Interne Markenführung: Verankerung der Markenidentität im Mitarbeiterverhalten.* Wiesbaden: Deutscher Universitätsverlag.

Wölfer, U. 1994. Produktlinienerweiterungen (Line extension). In *Handbuch Markenartikel*, Bd. 1, Hrsg. M. Bruhn, 527–541. Stuttgart: Gabler.

Wunsch-Vincent, S., und G. Vickery. 2007. *Participative Web and User-Created Content: Web 2.0, Wikis and Social Networking.* Paris: OECD Directorate for Science, Technology and Industry.

Yukl, G. 1989. Managerial leadership: A review of theory and research. *Journal of Management* 15 (2): 251–289.

Zahn, E. O. K., S. Foschiani, und M. Tilebein. 2000. Wissen und Strategiekompetenz als Basis für die Wettbewerbsfähigkeit von Unternehmen. In *Die Ressourcen- und Kompetenzperspektive des strategischen Managements*, Hrsg. P. F. J. Hammann, 47–68. Wiesbaden: Dt. Univ.-Verl.

Zatloukal, G. 2002. *Erfolgsfaktoren von Markentransfers, Dissertation.* Wiesbaden: Springer.

Zhang, J. Q., G. Craciun, und D. Shin. 2010. When does electronic word-of-mouth matter? A study of consumer product reviews. *Journal of Business Research* 63 (12): 1336–1341.

Zentes, J., B. Swoboda, und H. Schramm-Klein. 2006. *Internationales marketing*. München: Vahlen.

Zeplin, S. 2006. *Innengerichtetes, identitätsbasiertes Markenmanagement*. Wiesbaden: Springer.

Printed by Printforce, the Netherlands